Jon Bilbao

Física familiar

ED DE
SALTO PÁGINA

Física familiar

Para Lea, recién llegada

Primera parte

Física familiar

En 1927 el físico alemán Karl Heisenberg enunció su controvertido Principio de Incertidumbre. Éste significó la ruptura definitiva entre la mecánica newtoniana vigente desde el siglo XVII *y que explicaba con aceptación generalizada el comportamiento de los cuerpos visibles, y la nueva mecánica cuántica, centrada en el ámbito de las partículas subatómicas.*

El principio sostiene básicamente la imposibilidad de conocer de forma simultánea, y con el mismo grado de precisión, la velocidad y posición de una partícula subatómica. Cuanto más exactamente se determine su velocidad, de forma menos precisa puede determinarse su posición —el lugar que ocupa en el universo—, entrando su conocimiento en el campo de las probabilidades.

Llegó a la tienda jadeante, con el maletín del trabajo en la mano y la corbata aflojada. Dentro había dos dependientas, ambas jóvenes y atractivas. Una se paseaba entre los maniquíes ataviados con ropa interior, desocupada, las manos enlazadas a la espalda y gesto severo, como un oficial que pasara revista a las tropas. En el mostrador, la otra hojeaba catálogos y anotaba códigos en una lista de pedidos. Se acercaba la hora de cierre y en el centro comercial algunos establecimientos ya habían echado la persiana.

Sólo había otro cliente en la tienda, una mujer con bolsas de supermercado que curioseaba en el cajón de saldos, donde se entremezclaban bragas y sujetadores de temporadas pasadas.

Él estudió brevemente a las dos dependientas y se dirigió hacia la del mostrador.

Disculpe...

Mi compañera le atenderá, le cortó la chica, sin levantar la mirada de los catálogos y señalando a aquélla con el bolígrafo.

Pero en ese instante la mujer con las bolsas de supermercado requirió la atención de la dependienta desocupada, que interrumpió sus paseos entre los maniquíes.

La chica del mostrador hizo a un lado aquello en lo que estaba trabajando, se desprendió de las gafas y cambió la expresión levemente ceñuda por una abierta sonrisa.

¿En qué puedo ayudarle?

La transformación fue tan ágil y eficaz que él no contestó de inmediato. Observaba a la joven que como por arte de magia acababa de manifestarse. Veintipocos años, rubia, peinada con un recogido alto y dispuesta a servirlo en lo que necesitase.

Busco un regalo para mi mujer.

¿Alguna idea? Ella no había perdido la sonrisa en el intervalo.

Había pensado en un camisón.

Muy bien, dijo la chica. Salió de detrás del mostrador y señaló hacia la parte de la tienda donde se exponían las prendas de noche. ¿Desea acompañarme?

Llevaba unos pantalones negros ceñidos y una blusa de vivo color rojo. Él la siguió a dos pasos de distancia para poder verla por detrás.

En un mostrador auxiliar, la chica procedió a mostrarle varios modelos de camisones que él contempló dubitativo, el maletín a sus pies y las manos en los bolsillos, reacio a tocar las prendas, con la actitud de frío interés que los detectives de los telefilms adoptan ante un cadáver expuesto en la mesa del forense. Su perplejidad iba en aumento a medida que los camisones se acumulaban unos sobre otros creando una espuma multicolor de sedas y encajes.

La joven, acostumbrada a los clientes masculinos indecisos y poco colaboradores, recitaba detalles y recomendaciones.

Finalmente, siguiendo el consejo de ella, se decidió por un camisón de seda sin adornos, largo, color vino, con tirantes y escote marcado.

Bien, dijo la joven, como si él acabara de superar satisfactoriamente un examen. Ahora sólo nos falta la talla.

Ante la expresión contraída del hombre, que confundió con nuevo desconcierto, ella retrocedió un paso y abrió los brazos, exponiendo su cuerpo para que pudiera comparar.

No, acertó a decir él, sin apartar los ojos de su figura. Mi mujer es mayor. Más ancha que usted, quiero decir. Y también más alta. ¿Puede enseñarme la talla más grande que tenga de este modelo?

¿La más grande?

Por favor.

Aguarde un momento, dijo la chica mientras se encaminaba a la trastienda.

Regresó con una caja de la que extrajo un camisón como el que le había mostrado, pero que al desplegarlo con una leve sacudida, como una sábana previa a ser colocada en la cama, se extendió sobre el mostrador y ocultó todos los demás con su violento color vino.

Dios mío, musitó él.

Es la talla mayor.

Quizás otra un poco más pequeña.

Muy bien.

Le trajo otro camisón, dos tallas menor, al que él dio el visto bueno.

De todas formas, puede cambiarlo, si no es de su talla.

Bien.

O podemos hacerle algún arreglo.

La chica envolvió la prenda en papel de regalo. Luego preparó un lazo. A la hora de fijarlo abrió un librillo de hojas satinadas donde había distintos adhesivos de felicitación: *Feliz Aniversario, Feliz Cumpleaños, Con Amor, Con Cariño...*

¿Cuál escogemos?

Cumpleaños.

Remató el paquete y lo introdujo en una bolsa de la tienda.

Espero que le guste a su esposa.

Yo también, respondió él.

No quedaba ningún cliente más en la tienda. La segunda dependienta se despidió de él mediante una inclinación de cabeza y cerró la puerta y echó la llave.

A paso ligero recorrió los pasillos casi desiertos del centro comercial, temeroso de que la pastelería hubiera cerrado.

El pastelero se había ido a casa. En las estanterías quedaban unos pocos dulces cuyo aislamiento hacía parecer poco apetitosos. El local estaba vacío a excepción del ayudante, un joven oriental increíblemente delgado que lo esperaba de brazos cruzados.

Creí que no iba a venir, dijo.

De una nevera sacó la tarta encargada el día anterior. Sobre el recubrimiento de chocolate había un *Felicidades* escrito con algún tipo de crema rosa.

Perfecto.

Llevando la tarta en una caja salió en dirección al aparcamiento. En su recorrido por la zona comercial sólo se cruzó con un par de personas. El otro extremo del complejo, donde se encontraban los cines y las franquicias de restaurantes, estaba por el contrario en pleno apogeo de final de la tarde.

Al pasar por una plaza de techo acristalado vio que había empezado a llover. Las gotas de lluvia acumuladas en el cristal brillaban con el reflejo de las luces del interior, recortadas contra la oscuridad del cielo; una constelación de miles de gotas, en cada una de las cuales se reflejaban —deformados— la pequeña plaza, con su fuente de plástico imitación piedra, los carteles publicitarios y un hombre con el cuello estirado hacia arriba.

Esa noche, Diana y él celebrarían el cumpleaños en su casa. El fin de semana harían extensiva la celebración a un grupo de amigos mediante una pequeña fiesta. Y, a modo de colofón, dos semanas después volarían a Aruba para disfrutar de diez días de sol, combinados caribeños y paseos en catamarán.

El motivo de semejante derroche era que un año atrás el cumpleaños de Diana no había contado con ningún festejo.

Por aquel entonces su matrimonio no pasaba por un buen momento. Todo había empezado cuando Diana lo acusó de mantener una relación con una compañera de trabajo. Acusación que él no negó de forma lo bastante convincente.

Ella empezó a visitar a un terapeuta. Siempre se había calificado de emocionalmente débil, y el engaño de su marido, aunque sólo fuera supuesto, le resultaba difícil de superar.

El año anterior él también había llegado a casa con una tarta de cumpleaños. Se sentía ilusionado, creía que estaban remontando la situación. La tarta debía significar una especie de presente de paz. Un dulce punto y aparte. Habían quedado atrás los días en que cada conversación conllevaba un duelo implícito, cuando pasaban más tiempo estudiándose uno al otro y planeando qué hacer o decir, que actuando; cuando hablar era como comer un pescado plagado de espinas, que te obliga a retener cada bocado durante lo que parece una eternidad, tamizándolo entre los dientes, sondeándolo con la lengua, a pesar de lo cual, después de tragar padeces unos instantes angustiosos a la espera de un pinchazo.

Aquel día encontró a su mujer sentada a oscuras en el salón. Al encender la luz, comprobó que ella todavía llevaba puesta la ropa de calle, ni siquiera se había desprendido del abrigo.

¿Pasa algo?

Ella apretaba los párpados, deslumbrada. Él posó la tarta y se sentó a su lado.

Esa tarde, durante su charla con el terapeuta, explicó Diana, había descubierto una cosa respecto a sí misma. Se podría decir que había experimentado una revelación.

Hoy me he dado cuenta de que el mejor momento de mi vida fue el verano de mis catorce años, cuando todavía no sabía quién era yo ni qué iba a hacer en el futuro: dónde iba a vivir ni a qué me iba a dedicar. Cuando era una niña que corría por la playa y nadaba con su padre. Cuando no había conocido a quien sería mi pareja, cuando ni siquiera había salido con ningún chico, ni mis amistades se habían puesto a prueba y por tanto no sabía quiénes eran realmente mis amigos... En definitiva, cuando carecía de todo por lo que se valora una existencia... Aquél fue el mejor momento de mi vida. Y he tenido miedo.

Él intentó cogerle la mano pero ella se escurrió.

Quiero estar sola.

Él se puso en pie, cogió la tarta y fue a la cocina con intención de preparar la cena, confiando en que para cuando estuviera lista, Diana se habría repuesto.

También él estaba asustado. Y molesto. No se le escapaba la parte que le correspondía de aquella revelación: que, en los ocho años desde que se conocían, no había logrado proporcionarle ni un solo momento que superase aquel verano de su infancia. Probablemente ni siquiera se había acercado a conseguirlo. O sí lo había hecho. Pero ella no había sido capaz de valorarlo de la forma adecuada.

En el salón, su mujer repitió:

Quiero estar sola.

No le bastaba con que se hubiera ausentado de la habitación.

Esta vez obedeció de forma más brusca. Salió por la puerta trasera sin despedirse. Terminó pasando la noche en casa de su hermano.

Mientras tanto Diana dio cuenta en solitario de su tarta de cumpleaños. La partió en cuatro trozos y los engulló, uno tras otro, acompañados por dos litros de leche, encorvada sobre el plato, ayudándose con los dedos para recoger las migajas.

Desde aquella noche había seguido comiendo como si comer se hubiera convertido en un fin en sí mismo.

El Principio de Incertidumbre de Heisenberg implicaba la afirmación, difícil de aceptar por muchos físicos de la época, de que vivimos en un universo indeterminista, cuyo conocimiento absoluto es imposible por el hecho de depender de la probabilidad y estar por tanto limitado por las leyes de la estadística. La idea clásica de la precisión absoluta quedaba por completo descartada.

Del debate suscitado tras la publicación del Principio surgieron multitud de interpretaciones, la mayoría de las cuales se pueden reunir en dos grandes grupos.

Uno de ellos constituye la llamada interpretación probabilista del Principio de Incertidumbre, o interpretación de Copenhague, defendida por el físico Niels Bohr y el propio Heisenberg.

Según esta interpretación, la indeterminación o incertidumbre no viene provocada por la intromisión del observador en la realidad física, sino que la naturaleza es en sí misma indeterminada.

Nada más salir del aparcamiento se encontró con un atasco. La rampa de acceso a la autovía estaba colapsada. Ahogó una exclamación de fastidio.

Minutos después una ambulancia con las luces y la sirena puestas lo adelantó por el arcén. La autovía se hallaba elevada varios metros respecto a su posición. A cierta distancia, borrosa a través de la lluvia, distinguía la silueta escorada de un camión, con la cabeza tractora colgando sobre el terraplén lateral. El quitamiedos estaba arrancado y doblado en el lugar del impacto; apuntaba hacia el cielo como un afilado signo de exclamación, iluminado por las luces parpadeantes de los coches de policía. Varias figuras con impermeables reflectantes se movían en torno al camión, algunas por la sucia hierba del terraplén, entorpecidas por la lluvia, con los brazos abiertos para mantener el equilibrio.

Al cabo de un rato, los vehículos empezaron a moverse con lentitud, bajo las indicaciones de dos policías con linternas.

A medida que iban aproximándose a la autovía, los vehículos que precedían al suyo comenzaron, sin aumentar de velocidad, a trazar curvas como si estuvieran en un eslalon. Al llegar al mismo punto vio con asombro que la calzada estaba sembrada de bloques metálicos del tamaño de un baúl de viaje. Los conductores maniobraban para esquivarlos. El camión transportaba una carga de coches prensados que, con las sacudidas del accidente, había esparcido por la autovía. Algunos se habían abierto al chocar contra el asfalto y de ellos asomaban elementos reconocibles: extremos de ejes y parachoques cromados.

Los evitó con cuidado. El ritmo era lento y la cola de vehículos que esperaban su turno para pasar crecía.

En el arcén había un coche rodeado de policías y sanitarios. Hablaban por sus emisoras y contemplaban impotentes el vehículo. Uno de los coches prensados había atravesado el parabrisas y alcanzado al conductor. Los sanitarios habían forzado la puerta para auxiliarlo, pero era evidente que había sido inútil.

Al pasar junto al vehículo, vio un brazo que colgaba inerme. Se trataba de una mujer. La cabeza y la parte superior del torso habían desaparecido; el bloque de piezas metálicas ocupaba su lugar.

Frenó bruscamente, con la mirada clavada en el coche accidentado.

Un sanitario extendió una manta sobre el cadáver, pero él tuvo tiempo de ver que la mujer vestía pantalones negros y una blusa rojo intenso. Como la dependienta de la lencería.

Los conductores que iban detrás empezaron a tocar el claxon y un policía golpeó su ventanilla con la linterna, haciéndole gestos para que circulara.

Unos metros más adelante se encontraba el camión causante de todo. Tenía un neumático reventado. De la rueda colgaban jirones de caucho.

El conductor estaba apoyado en un coche de policía, escoltado por dos agentes. Alguien le había echado un impermeable sobre los hombros. Se cubría el rostro con las manos.

Diana y él vivían en una urbanización en las afueras de la ciudad. Su parcela era de tamaño medio. No necesitaban más. No tenían hijos.

Introdujo el coche en el garaje. Tras detener el motor aguardó unos instantes antes de apearse. Inspiró con todo el volumen de los pulmones y soltó el aire despacio.

Encontró a Diana en el jardín, donde trabajaba arrodillada en la tierra. Al verlo acercarse se irguió como una gran marmota.

Hola.

Hola, respondió él. Dio un rodeo para no pisar el terreno trabajado y se agachó para besarla, haciendo equilibrios con la caja de la tarta. Ella olía a tierra y maquillaje. ¿Qué haces?

Diana sostenía un plantador de bulbos con el que señaló unas hojas de periódico arrugadas que tenía a su lado; en el centro descansaban unas formas ovoides y peludas, de color pardo grisáceo, con aspecto de testículos de mono.

Hay que plantarlos de noche, respondió.

Se apartó el pelo de la cara y espantó una polilla que revoloteaba a su alrededor. Tenía la piel pálida y brillante a causa del ejercicio. Atraía los insectos nocturnos.

¿Qué es eso?, preguntó a la vez que señalaba la bolsa de la tienda. ¿Es para mí?

Sí. Pero más tarde.

Se agachó de nuevo a besarla.

Voy a cambiarme de ropa, dijo él.

En la cocina, sacó la tarta de su caja y la guardó en el frigorífico, donde había una botella de champán enfriándose. En uno de los fogones borboteaba un guiso.

El dormitorio estaba en la segunda planta. En el rellano encontró un jarrón con la docena de rosas de tallo largo que había encargado esa mañana desde la oficina.

Se quitó la ropa y fue a la ducha.

No mencionaría el accidente, decidió. Las cosas parecían ir bien y no quería que el ambiente se estropeara. La noticia de que la persona que había envuelto —y en gran medida escogido— su regalo había muerto aplastada minutos después no alegraría la celebración.

Además tampoco tenía la certeza de que fuera la misma chica. No había visto otro rasgo identificativo aparte de la ropa. Podría ser cualquiera con un conjunto similar.

Esa posibilidad lo ayudó a relajarse.

Bajo el chorro de la ducha recordó a su profesor de física de primer curso de la facultad, cuando trataba de hacerles comprender el Principio de Incertidumbre.

Para averiguar la posición o velocidad de una partícula, decía mientras paseaba por la tarima del aula, es necesario que ésta sea iluminada, del mismo modo que si fuéramos a hacerle una fotografía. Salvo que en este caso, y a diferencia de lo que sucede con los cuerpos macroscópicos, los fotones que componen la luz excitan la partícula, lo que altera su posición y velocidad.

No es una idea obvia, recalcaba, deteniendo su caminar y dirigiendo una mirada severa a los rostros adormilados que lo observaban. Es como si para conocer la posición de un coche en marcha hubiera que lanzar otro contra él.

La cena transcurrió gratamente, sin que trasluciera ningún malestar.

Diana trabajaba como correctora para varias editoriales. Realizaba el trabajo en casa. Últimamente había tomado la costumbre de echar una breve cabezada por las tardes, confesó durante la cena con una sonrisa mitad traviesa, mitad culpable.

Tengo la impresión de que así saco más partido al día, explicó, como si se multiplicara por dos.

Él sabía de las siestas. Aunque ella no se lo había dicho hasta entonces. Lo sabía por la redistribución de los huecos de su cama de matrimonio.

Aprovechando su ausencia, Diana se tendía en el centro de la cama, de forma que su cuerpo había ido excavando un nicho en ese lugar. Y por la profundidad que había ganado en tan escaso tiempo, él sospechaba que las siestas no eran tan breves como ella daba a entender.

Por las noches, el hueco los atraía desde sus respectivos costados de la cama para unirlos en una intimidad infructuosa.

Sacaron la tarta. Diana se sirvió un trozo de tamaño medio que comió con rapidez.

Deliciosa.

Él estuvo de acuerdo pero rehusó tomar un segundo trozo, cosa que ella sí hizo.

La observó mientras comía. El volumen de su pecho le estorbaba a la hora de sentarse a la mesa. Tenía que inclinarse hacia delante para llevar la comida a la boca. Había echado doble papada. Salvo su trabajo en el jardín, no hacía ningún ejercicio físico y sus muslos habían empezado a rozarse al caminar, emitiendo un desagradable sonido de fricción.

Curiosamente sus manos no habían engordado en absoluto. Continuaba teniendo los mismos dedos delicados que tenía cuando la conoció; unas manos blancas y elegantes que cuidaba con esmero y que él a menudo se descubría contemplando mientras corregían un manuscrito o sacaban brillo a las lágrimas de cristal de una lámpara.

Mientras ella perseguía por el plato los restos del segundo trozo de pastel, él fue por el regalo.

Es un camisón, dijo al regresar.

No deshacía ninguna sorpresa. Dos días atrás le había preguntado qué quería como regalo de cumpleaños. En los últimos tiempos las sorpresas que se habían dado habían tenido resultados lastimosos.

Te concedo un deseo, había dicho él.

Un deseo, ¿eh?

Diana estaba en su mesa de trabajo y se llevó a la comisura de la boca el rotulador rojo con que efectuaba las correcciones.

Espero que no sea como esos deseos de los cuentos, que acaban volviéndose contra quien los formula. Como el del viudo que pide volver a disfrutar de la compañía de su esposa, y por la noche lo despiertan los golpes en la puerta del cadáver carcomido de la mujer.

No será de ésos. Y espero que pidas algo más accesible.

No me vendría mal otro camisón. Me fío de tu buen gusto.

Diana desenvolvió el paquete y extendió la prenda.

Me encanta, aseguró.

Él se relajó.

Pero al instante siguiente lo asaltó la imagen de un cuerpo muerto, con lo que antes había sido un coche por cabeza.

Me gusta mucho.

Diana fue al recibidor, donde había un espejo de cuerpo entero, y se presentó el camisón sobre el pecho.

Has acertado, encanto.

¿Qué probabilidades había de que la chica del accidente fuera la misma que lo atendió?

No había transcurrido mucho tiempo entre ambos hechos. Sin embargo, cerraron la tienda en cuanto él salió, y además había pasado por la pastelería, luego la chica pudo tener tiempo de llegar al aparcamiento antes que él, montar en su coche y entrar en la autovía aproximadamente en el instante en que al camión le reventaba el neumático. Quizá tuviera prisa por llegar a alguna parte y su compañera se había encargado de terminar de cerrar la tienda, lo que le habría dado un poco más de tiempo. Quizás había quedado con alguien, o había tenido un día difícil, o no se encontraba bien y quería irse cuanto antes.

Probabilidades de que la muerta y ella fuesen la misma persona: ¿55%?

El coche era un utilitario corriente, el tipo de vehículo que bien puede tener una dependienta de boutique con un salario no muy cuantioso.

¿60%?

Sin embargo el rojo de la blusa —¿o se trataba de un jersey o una chaqueta?— era un color muy corriente.

¿50%?

¿Y si la muerta era la otra dependienta, la que paseaba entre los maniquíes? No lo había pensado. ¿Eso le permitía dividir por dos la probabilidad?

Decidió que al día siguiente volvería al centro comercial para comprobar si la chica que lo atendió había sido la víctima o no.

¿Te encuentras bien?

Le sobresaltó la mano de Diana en su hombro.

¿Qué?

Te veo pensativo. ¿Va todo bien?

Perfectamente.

¿Por qué no recogemos mañana todo esto y subimos a acostarnos? Estoy agotada.

No. Sube tú. Yo retiraré la mesa.

Como quieras, dijo ella.

Él continuó sentado frente a los restos de la cena y el papel de regalo. Oía a su mujer en el piso de arriba; ella ejecutaba los rituales previos a acostarse. Los sonidos producidos por su cuerpo parecían haber aumentado en la misma medida que éste.

Con una intensidad que lo sorprendía deseaba que la chica de la tienda se encontrara sana y salva.

Rememoró su imagen. Se centró en el momento en que ella retrocedió y abrió los brazos para que comparase su talla. Vio detalles a los que no recordaba haber prestado atención en la tienda: las uñas pintadas de negro y un tatuaje con forma de media luna a un lado del cuello.

Era atractiva. Con cierto aire peligroso. Y rubia. Como su compañera de trabajo, quien no le hablaba desde el día en que él le dijo que tenían que romper.

Estaban en un restaurante cercano a las oficinas de su compañía —investigación y producción de cable de fibra óptica—, donde a menudo comían juntos después de llegar por separado. Ella abandonó la comida a la mitad. Se fue sin darle tiempo a terminar de explicarse, pero no sin antes cubrirlo de insultos.

Lo cierto era que su relación había sido lo más estimulante que le había pasado en años. Y cuando se justificó diciendo que le había sido concedida una segunda oportunidad y pensaba aceptarla, pues continuaba queriendo a su mujer, sus palabras le sonaron precipitadas y poco realistas.

La segunda interpretación del Principio de Incertidumbre, surgida como respuesta a la probabilista, fue la subjetivista, que contó con el apoyo de físicos como Plank, Schrödinger, De Broglie y Einstein.

Al contrario que la interpretación anterior, la subjetivista sostiene que el universo es determinado, y que el indeterminismo —la imposibilidad de conocer simultáneamente la posición y velocidad de una partícula— resulta provocado por la intromisión del observador en el mundo subatómico.

En otras palabras, el indeterminismo está en nuestro conocimiento y no en la naturaleza de las cosas. Es el científico con su intento de medición quien modifica las condiciones del fenómeno observado.

A la mañana siguiente, Diana se despertó con el sonido de la ducha. Ella y su marido representaban cada día una coreografía que les permitía proceder con sus rutinas matinales sin estorbarse. Ella entraba en el cuarto de baño saturado de vapor y utilizaba el inodoro, con la silueta grisácea de él agitándose tras la cortina de la ducha. A continuación bajaba a preparar el desayuno. Recogía el periódico del buzón y hojeaba los titulares hasta que bajaba su marido, momento en que se lo cedía. Él tomaba café. Ella subía a darse una ducha. Mientras se secaba oía cómo él se despedía y el chasquido de la puerta al cerrarse. Terminaba de vestirse y bajaba a su mesa de trabajo, donde se concedía veinte minutos más para una segunda taza de café y terminar de hojear el periódico, antes de atacar el manuscrito que estuviera corrigiendo.

Poco después del mediodía dio por concluido el número de páginas marcado para esa mañana. Subió al dormitorio. Se cambió de ropa y se maquilló ligeramente.

La noche anterior no había dormido con el camisón nuevo, aunque sí se lo había probado mientras su marido recogía la mesa. Le gustaba, pero le quedaba pequeño.

El recibo de compra estaba en la bolsa de la tienda. Volvió a meter el camisón en ésta y se encaminó a la parada de autobús.

Se alegró de llegar pronto, sólo había un puñado de personas esperando bajo la marquesina. No tendría problemas para encontrar asiento.

Poco después deambulaba por las tiendas. A esa hora apenas había gente en el centro comercial. Cuando llegó a la tienda de lencería se detuvo sin llegar a cruzar la puerta.

Entre los clientes que estaban dentro había distinguido la figura inconfundible de su marido. Él, de espaldas a la entrada, no la había visto.

Dudó qué hacer. De no haber estado presente la carga histórica de los últimos meses, probablemente habría entrado, lo habría saludado y preguntado divertida qué hacía allí, sin otorgar importancia a aquel encuentro inesperado.

Pero en lugar de eso retrocedió hasta el establecimiento de prensa que había enfrente, desde donde, camuflada entre expositores de revistas, podría comprobar qué hacía él allí.

Lo vio hablar con una dependienta. Ella lo miraba con el ceño fruncido, como si no entendiera lo que le estaba diciendo. Él gesticulaba mientras hablaba, igual que hacía siempre que estaba nervioso. Se había ausentado del trabajo; su intervalo para el almuerzo no bastaba para ir hasta el centro comercial y regresar, se dijo Diana.

Cuando él terminó de hablar, la chica sonrió, se apartó un mechón de la frente en un gesto de incomodidad, y se señaló a sí misma: «Pues aquí estoy», con los índices apuntando a los pechos.

Diana no comprendía qué estaba pasando, pero una sensación desagradable crecía en su estómago.

Volvieron a hablar brevemente. La chica era rubia y no muy alta. Con un estilo más bien vulgar. Vio cómo dejaba a su marido junto al mostrador y se acercaba a otra dependienta, a la que habló en susurros. A continuación desapareció un instante en la trastienda, de donde regresó con un bolso al hombro. Salieron juntos.

Diana se volvió justo a tiempo. Con la vista clavada en los titulares de prensa, aguardó hasta que se hubieron alejado en dirección a uno de los cafés del centro comercial.

En 1932, Heisenberg fue galardonado con el premio Nobel de física. Su teoría matricial, dentro de la que se incluía el Principio de Incertidumbre, había conducido al descubrimiento de las formas alotrópicas del hidrógeno.

Esa tarde él llegó a casa a la hora habitual. Diana volvía a trabajar en el jardín. La saludó con un beso y sugirió que tomaran una copa antes de la cena. Ella lo siguió a la cocina y encendió un cigarrillo.

Él parloteaba. Hacía meses que no se sentía tan animado. Ni siquiera prestaba atención a las miradas de su mujer, que expulsaba el humo por un único orificio nasal, como un dragón viejo. No dejaba de decir lo mucho que le ilusionaban la fiesta del fin de semana y el viaje a Aruba, y lo acertado de la celebración del cumpleaños y, en especial, cuánto le gustaba que las cosas fueran de menos a más.

En los años previos a la 2ª Guerra Mundial, el partido nazi defendió que las matemáticas y la física alemanas sustituyeran a las respectivas judías. Para entonces ya habían calificado la relatividad y la mecánica cuántica como ciencias judías, lo que impidió a Heisenberg acceder a la plaza docente a la que aspiraba en la universidad de Munich. Aunque él no era judío sufrió numerosos ataques por parte de la prensa, que lo acusaba de llevar a cabo investigaciones de «estilo judío».

Gracias a la mediación de un familiar ante Himmler, Heisenberg fue exonerado de sus cargos.

Reticente a imitar a algunos compañeros que, desposeídos de sus puestos académicos, optaron por la emigración, rechazó la oferta del gobierno de Estados Unidos para recibir asilo y decidió permanecer en Alemania.

Dirigió el proyecto alemán de la bomba atómica. Aunque su equipo logró avances importantes, como la construcción de un reactor nuclear, no consiguió llevar a cabo un programa de armamento.

Tras la rendición alemana, compartió reclusión en la prisión británica de Farm Hall con los demás participantes en el proyecto nuclear. Allí sus conversaciones eran grabadas en secreto por los servicios de inteligencia aliados y remitidas al general Groves, director del proyecto Manhattan.

Heisenberg recibió durante su reclusión la noticia de las explosiones de bombas atómicas en las ciudades japonesas de Hiroshima y Nagasaki.

En 1946 fue exonerado y regresó a Alemania, donde ocupó la dirección del Instituto Max Planck de Física y Astrofísica de Gotinga. Desempeñó el cargo hasta su dimisión en 1970.

Murió en Munich el 1 de febrero de 1976, dejando viuda y siete hijos.

Preludio y consecuencias de un encuentro nocturno

Salió tarde de la oficina. Encadenaba bostezos. La noche anterior no había podido descansar correctamente por culpa de una pesadilla en la que se le caían los dientes.

Tenía treinta y tres años, trabajaba en la planta undécima de un edificio de cristal negro y sus ingresos cuadruplicaban el salario medio. Gozaba del privilegio de un despacho propio —con ventana— y una secretaria que compartía con uno de sus colaboradores. Ese día llevaba su mejor traje, camisa a medida, corbata diplomática y zapatos nuevos que le rozaban en los talones. En la mano balanceaba un maletín de piel, también nuevo, regalo de su mujer con motivo de su aún reciente cumpleaños.

Había pasado la tarde reunido con unos proveedores americanos. El motivo de la visita: renegociar los términos de su contrato de suministro. Se justificaban alegando un aumento de los costes de fabricación.

El portavoz de los americanos hablaba con marcado acento de Texas. Tenía aire de chico de pueblo, a pesar de lucir un cronógrafo de oro y dientes blanqueados. Los dos hombres que lo acompañaban no pronunciaron palabra durante la reunión, limitándose a tomar notas.

Puesto que era una de sus principales empresas proveedoras, la compañía se encontraba al corriente de su funcionamiento y situación financiera. Sabía que el aumento de precios estaba injustificado. El tejano lo sabía también, pero aun así se esforzaba en exponer sus ensayados argumentos; un buen tipo al que su jefe había enviado a una encerrona.

Sin embargo, después de dos horas de reunión el tejano continuaba sin darse por vencido y a él empezaba a terminársele la paciencia. No le gustaba hablar en inglés. La brevedad y contundencia de las frases le hacían ponerse a la defensiva.

Súbitamente se puso en pie, dando la reunión por concluida.

Los hombres silenciosos levantaron la vista de los cuadernos. El tejano, sin ocultar su sorpresa, dirigió una mirada hacia ellos, que continuaron mudos.

Antes de acompañarlos a la salida, él concluyó diciendo que, a su modo de ver, no existían motivos para revisar el contrato y así se lo haría saber a sus superiores, de quienes dependía la decisión final.

El tejano declaró que esperaba que volvieran a verse pronto y se despidió con un Adiós al estilo mejicano, a la vez que agitaba una mano en alto y mostraba su reluciente sonrisa por última vez.

Adiós, respondió él.

Su secretaria acompañó a los visitantes hasta los ascensores.

Él regresó al despacho y se dispuso a pasar a limpio sus impresiones sobre la reunión. Su jefe quería un informe a primera hora del día siguiente.

Ésa era la razón por la que se quedó hasta tarde en el trabajo.

Era noche cerrada cuando salió a la calle.

El servicio meteorológico había anunciado posibilidad de nieve. Se subió el cuello del abrigo y ajustó los guantes de piel, flexibles y cálidos.

Para regresar a su casa tomaba el metro hasta la Estación Central y a continuación un tren que lo transportaba a la urbanización de las afueras donde residía. En circunstancias normales, la duración total del recorrido era de poco más de una hora.

Desde el edificio de la compañía hasta la estación de metro había diez minutos a pie. Calculó que, si se daba prisa, podía alcanzar el último tren.

La zona por la que caminaba estaba constituida por edificios de oficinas. Entre las siete de la mañana y las siete de la tarde bullía de actividad y había un intenso tráfico de taxis y mensajeros en motocicleta; sin embargo, una vez caída la noche, quedaba desierta y se volvía un lugar poco recomendable. Por las mañanas era normal encontrar lunas rotas en los pisos bajos y coches desvalijados o quemados. Esa misma semana un grupo de jóvenes había tomado por asalto un McDonald´s, amordazado a los aterrorizados empleados, que en ese momento limpiaban el local, y procedido a arrasarlo con palancas de acero y sprays de pintura.

La posibilidad de sufrir un encuentro desagradable, más que la de perder el tren, le hizo apretar el paso. Después de un rápido inventario a su persona se vio como una víctima muy sugerente para cualquier atracador.

Los edificios a uno y otro lado de la calle estaban sumidos en una oscuridad silenciosa, alterada sólo por la luz de las oficinas donde alguien continuaba trabajando. No pasaban vehículos. En caso de verse en apuros, aunque gritara pidiendo auxilio, era poco probable que alguien acudiera en su ayuda.

No obstante, a pesar del cansancio y la inquietud, no tenía deseos de regresar a su casa, donde sólo lo recibiría un espacio frío y vacío.

Su mujer estaba de viaje. Trabajaba para una publicación de interiorismo. Escribía reportajes sobre las casas de los famosos. Le gustaba el trabajo. La rigurosidad de sus artículos, disimulada por una festiva pátina de frivolidad, la había hecho pasar en breve tiempo de colaboradora ocasional a componente fijo de la plantilla.

Durante los últimos meses él había empezado a sospechar que ella lo engañaba. Aunque carecía de pruebas.

A lo largo del noviazgo y los primeros meses del matrimonio sus celos crónicos habían sido un obstáculo para el buen curso de la relación. Sentía celos sin excepción de todos los amigos de ella. Cada vez que alguien telefoneaba y preguntaba por su mujer, especialmente si la voz era masculina, él la sometía a continuación a un interrogatorio exhaustivo. Si en una reunión de amigos ella dedicaba a otro hombre más atención que la estrictamente correcta o se aventuraba a apoyar una mano en su brazo o a reírse abiertamente de uno de sus comentarios, él se sumía en un silencio hosco que podía durar días y durante el que la trataba con insultante resentimiento.

Ella no alcanzaba a entender semejante actitud. Lo quería, se lo hacía saber y no comprendía por tanto lo desmedido de sus reacciones. Si de él dependiera, ella no tendría vida social.

Llegó un momento en que sus conversaciones al respecto, al final de las cuales él prometía, con los ojos enrojecidos, que iba a cambiar, dejaron de ser útiles. Tuvieron que dar un paso más.

Pidieron consejo profesional. Comenzaron a acudir dos noches por semana a una terapia de parejas.

En las reuniones conocieron casos mucho peores que el suyo: parejas que continuaban juntas por la comodidad de la costumbre, que se insultaban, que con palabras mordaces narraban las limitaciones sexuales del otro, que sacaban a la luz resquemores enquistados, que hacían chantaje con su cariño, que ponían un precio demasiado alto a la convivencia, que se escupían a la cara públicamente. Durante el transcurso de una de las reuniones, un marido encolerizado saltó de la silla, agarró a su mujer por el pelo y la sacudió como si quisiera arrancarle el cuero cabelludo y alzarlo con un aullido triunfante. Hicieron falta tres personas para separarlos.

Ante semejantes demostraciones de rencor él se encogía en su asiento. No quería convertirse en una de aquellas personas.

Se esforzó por cambiar. Puso todo su empeño. Reconoció su culpa y encerró los celos en una caja.

Su mujer logró que se integrara en el grupo de amigos de ella, muchos de los cuales lo habían mirado hasta entonces con recelo, teniendo de él la imagen de alguien arrogante y posesivo. Y él se aferró, con un ansia dudosa, al mantra de la confianza y el respeto mutuos.

Dos días atrás su mujer había partido hacia Miami para realizar una serie de reportajes. En esas ocasiones la acompañaban un fotógrafo y una interiorista que antes de la sesión de fotos ponía a punto las casas —colocaba almohadones sobre las camas y flores en los jarrones— y retiraba los detalles excesivamente personales —fotos de familia y útiles de aseo—. El equipo no era fijo, dependiendo en cada viaje de la disponibilidad de personal en la revista. Sin embargo, eso había comenzado a cambiar en los últimos meses.

Él leía la publicación de su mujer, poniendo especial atención en los reportajes de ella. Y últimamente, en los créditos de los mismos, se repetía el nombre de un mismo fotógrafo.

Cuando preguntó por tal coincidencia, ella respondió con un escueto:

Es el mejor.

Y dentro de él revivieron las brasas de los celos.

El nombre salía a la luz demasiado a menudo en las conversaciones de ella.

Barcelona, Mallorca, Córcega, Tánger, Bruselas y ahora Miami. Lugares en los que su mujer y el fotógrafo —el Mejor— habían estado y de los que ella siempre regresaba exhausta.

Mientras caminaba hacia el metro, encogido dentro del abrigo, lo atormentaba la imagen de ambos, gozando de nuevo, con la tranquilidad que les otorgaba disponer de todo un océano entre ellos y él.

Tenía que llamarla. Usaría la excusa de querer saber cómo iba todo para husmear en busca de señales de culpabilidad.

En cuanto llegase a casa, decidió.

Calculaba la hora que sería en Florida cuando vio al perro por primera vez.

Se acercaba por el centro de la calle desierta, con la cabeza erguida, aires de amo del lugar y los ojos fijos en él.

Cuando estuvo a unos veinte metros se detuvo. Y él hizo lo mismo.

Era un dóberman adulto, con pecho de fuego y el rabo y las orejas sin cortar. Estaba limpio y bien alimentado. Llevaba collar. En el frío de la noche su respiración se materializaba en nubecillas.

El animal inclinaba la cabeza a un lado y al otro sin perderlo de vista. Él miró alrededor suponiendo que el dueño estaría cerca, pero no vio a nadie. Reanudó el camino.

No había dado más que unos pasos cuando, al llegar a la altura del animal, éste gruñó mostrando los dientes. Volvió a detenerse. Cuando vio que el perro no se movía retomó sus pasos lentamente, sin apartar los ojos de él. Así fue alejándose poco a poco. El dóberman seguía plantado en el sitio. Había dejado de gruñir.

Consultó el reloj. Debía darse prisa. Echó un vistazo atrás. El perro se había esfumado.

Podía ver las luces de la estación de metro al fondo de la calle. Apretó la marcha. El roce de los zapatos nuevos hacía que le dolieran los pies.

Al acercarse a una esquina, el dóberman apareció de pronto ante él. Había dado un rodeo para adelantarlo y jadeaba por la carrera. De nuevo le cortó el paso.

Cada vez que él se movía hacia la derecha o la izquierda para esquivarlo, el animal se desplazaba en el mismo sentido.

¿Qué coño te pasa?

Como respuesta el perro volvió a gruñir. Tenía el lomo erizado, las patas abiertas y firmemente plantadas en la acera, y la cabeza gacha.

¿Qué es lo que quieres?

El dóberman se abalanzó sobre él. Apenas tuvo tiempo de alzar los brazos para protegerse.

Las mandíbulas se cerraron un poco más arriba de la muñeca izquierda. Soltó un chillido. El animal agitó la cabeza tratando de afianzar los dientes, sin dejar de gruñir. Él forcejeó para liberarse. El grueso paño del abrigo impidió que los dientes se hincaran en la carne, pero el dóberman lo tenía firmemente cogido. En una reacción instintiva lo golpeó con el maletín. El perro se resistía a soltarlo.

Lo azotó con más fuerza. Dentro del maletín resonaban las carpetas, la estilográfica, la agenda electrónica y el resto de útiles, liberados de sus compartimentos.

Por fin el perro aflojó las mandíbulas y él pudo zafarse de un tirón. El animal retrocedió. Él creía —deseaba— haberle roto alguna costilla. Aguardó con el maletín alzado por si se repetía el ataque. El perro se mantuvo igualmente a la defensiva. Hilos de baba le colgaban de las fauces.

Miró a su alrededor. Esperaba que alguien hubiera oído los gritos. Pero la calle continuaba tan silenciosa y despoblada como antes. La respiración agitada del perro, entremezclada con la suya propia, era cuanto alcanzaba a oír.

El dóberman volvió al ataque sin previo aviso. Arremetió contra él, que, sin aliento ni apenas tiempo para reaccionar, impulsó el maletín en un amplio arco que lo llevó a impactar contra la cabeza del perro. Éste soltó un aullido y reculó. Pero antes de que él pudiera recuperar el equilibrio y asestarle otro golpe, el perro se revolvió y hundió los colmillos en la piel de una esquina del maletín.

Siguió un tenso forcejeo en el que pugnaron por arrebatar al otro la improvisada arma. Uno tiraba con ambas manos del asa al tiempo que lanzaba patadas al perro, mientras éste se retorcía para esquivar los golpes.

El ejecutivo estaba bañado en sudor y el brazo le dolía en el lugar del mordisco. Las pupilas del dóberman eran círculos incandescentes. Todo el cuerpo del animal estaba contraído, los músculos se le marcaban bajo el pelaje. El color rosa de sus encías tenía un aspecto engañosamente dulce.

Ninguno se daba por vencido. Él tiraba del asa, arrastrando al perro, cuyas uñas arañaban las baldosas de la acera.

Avanzaba así, retrocediendo de espaldas, a punto de recuperar el maletín, pero tropezó con uno de los voluminosos maceteros de cemento dispuestos en la acera. Trastabilló y casi perdió el equilibrio. Por un instante aflojó su presa sobre el maletín, lo que bastó al perro para arrancárselo.

Desarmado, el hombre se retiró sin apartar los ojos del animal que, con expresión triunfante, lo contemplaba a su vez.

Echó a correr.

En un breve vistazo sobre el hombro vio que el dóberman se ensañaba con el maletín y hacía jirones el revestimiento de piel.

Dobló una esquina y lo perdió de vista.

Llevaba huyendo lo que le pareció largo rato cuando se dio cuenta de que corría en dirección contraria a la estación de metro.

Llegó a una plaza rodeada de edificios acristalados, como un anfiteatro. No había árboles ni parterres de césped, sólo una superficie embaldosada, con bancos a los que en los días soleados acudían las secretarias a almorzar, y en cuyo centro se elevaba una fuente. Ésta consistía en un apilamiento de losas de mármol artificial dispuestas en planos inclinados por los que el agua descendía hasta un estanque de poca profundidad.

Se detuvo junto al pretil. Sudaba y el aire frío hacía que le dolieran los pulmones.

No había rastro del perro. Contuvo la respiración y aguzó el oído sin alcanzar a oír nada.

Se sentó en el pretil y trató de calmarse. Estaba aturdido por lo insospechado y violento del encuentro. Se aflojó la corbata y desabotonó el cuello. Llevó a cabo un repaso de la situación.

Lo primero fue comprobar la herida. No parecía grave, tan sólo un par de arañazos en la parte interior del antebrazo, de los que manaban sendos hilos de sangre. El aspecto leve de la lesión no se correspondía sin embargo con el dolor que sentía al flexionar la muñeca. Usó el pañuelo para vendar la herida. La manga del abrigo estaba desgarrada y cubierta de babas.

Se preguntaba de dónde había salido el perro, quién sería su dueño y, especialmente, por qué había arremetido contra él sin que mediara provocación.

A lo mejor estaba rabioso, pensó.

¿Quedaban animales rabiosos? ¿En la ciudad? Lo ignoraba.

Su teléfono móvil estaba en el maletín y por el momento no se planteaba recuperarlo. Y ya era tarde para coger el tren. Decidió dar un rodeo, de todas las manzanas que fuera necesario, para eludir al perro. Buscaría un taxi.

En las interioridades de la fuente se accionó un temporizador y el agua dejó de manar sobre las losas de mármol. En la quietud que se hizo a continuación oyó acercarse al perro. Oyó las uñas rascar el asfalto, cada vez más cerca, hasta que lo vio aparecer por la misma bocacalle por donde él había llegado a la plaza.

Sopesó gritar pidiendo ayuda pero desechó la idea de inmediato. En su lugar se desprendió del abrigo y se lo enrolló en el brazo izquierdo para emplearlo como escudo. Se colocó en guardia, con el otro brazo dispuesto a golpear. Le temblaban las piernas. No podía creer que aquello le estuviera pasando.

El dóberman aceleró el paso, luego echó a correr y cuando estuvo a un par de metros saltó con las fauces abiertas, directo al cuello del hombre. Éste interpuso a tiempo el brazo acolchado e interceptó al animal, que se aferró a la tela del abrigo. Tuvo lugar un nuevo forcejeo. El hombre lanzaba patadas y algún puñetazo débil, sin resultado.

Tenía que pensar en algo. No bastaba con resistir como había hecho hasta entonces. El perro volvería al ataque una y otra vez.

Algo se activó en lo hondo de su cerebro, una alarma que le indicaba que aquello era más que un contratiempo, mucho más que un incidente inesperado. La alarma le decía que se encontraba en verdadero peligro y que había de actuar en consecuencia.

Alargó la mano libre hacia el cuello del perro y lo agarró por el collar. El dóberman se revolvió, torció la cabeza y lanzó un mordisco a la muñeca desprotegida. El hombre aulló de dolor. Pero no lo soltó. Con las fuerzas que aún le quedaban tiró del animal —sintió que algo se le desgarraba en el interior del brazo— y lo alzó sobre el pretil para meterlo en el estanque.

Al contacto con el agua el perro chilló como si le escaldase. No habría más de cincuenta centímetros de profundidad; el hombre, inclinado sobre el borde, cargó todo su peso para mantenerle la cabeza bajo la superficie. El dóberman se revolvía en busca de aire. Trataba de morder sin que las mandíbulas hallaran nada sólido. Sus patas se agitaban sobre el agua. Él apartó el rostro para protegerse los ojos.

Vio su paladar, negro satinado, y burbujas brotando del fondo de la garganta.

Lo mantuvo hundido hasta que todo el aire de los pulmones hubo escapado, sustituido por el agua sucia del estanque.

Finalmente sus movimientos se apagaron.

Aflojó la presa. Retrocedió unos pasos. El perro miraba con ojos vidriosos el fondo mugriento.

Se sacó los guantes, empapados e inútiles. La mano derecha le palpitaba de dolor. Tenía la piel desgarrada y unos orificios negros donde los colmillos le habían atravesado la carne.

Le zumbaban los oídos. Creyó que iba a vomitar o desmayarse, pero no hizo ninguna de las dos cosas. Se inclinó una vez más sobre el estanque y se lavó la cara. El agua arrastró las lágrimas que sin que él lo hubiera notado le corrían por las mejillas.

En la sala de urgencias le limpiaron las heridas y pusieron la vacuna antirrábica. El sanitario encargado de atenderlo lo interrogó sobre lo ocurrido.

Mintió sobre el lugar del encuentro, situándolo en una parte diferente de la ciudad —no quería que su historia se asociara con el cuerpo que aparecería flotando en la fuente—, así como sobre su final; dijo que el perro había huido después de atacarlo. El sanitario manifestó su extrañeza por el comportamiento del animal. Luego le hizo entrega de unos analgésicos y le permitió irse a casa.

Tomó un taxi.

Antes de alejarse renqueando de la fuente había quitado el collar al perro. Lo acompañaba una chapa de identificación que sostuvo en el puño durante el trayecto a casa. Era circular, de acero inoxidable. Figuraban un número de teléfono y una dirección. No aparecía, sin embargo, el nombre del perro. Sólo las señas de quien —supuso él— era su dueño.

El taxi lo dejó delante de su casa. Evitó mirar el aspecto que ofrecía el jardín. Parecía como si hubiera estallado una bomba. Ante la casa se abría un agujero de dos metros de profundidad y el doble de diámetro. En el fondo se había formado un charco de agua sucia. El césped a su alrededor estaba marcado por las huellas de un vehículo de orugas.

Dos semanas atrás había empezado a construir una piscina. Tras informarse de los fundamentos básicos decidió llevar a cabo la obra él mismo. El trabajo físico le sentaría bien, creyó. Alquiló una mini-excavadora y comenzó a abrir el agujero.

Poco después tuvo que detenerse.

Al llegar a un metro de profundidad hizo un descubrimiento desagradable. La urbanización estaba construida sobre una base de basura compactada. El cazo de la excavadora arrancó de la tierra fragmentos de escombro, latas oxidadas, una olla a presión y los restos putrefactos de un colchón de muelles, entre otros cuerpos extraños que ahora permanecían apilados en un rincón del jardín.

No pudo menos que dudar de la viabilidad de construir una piscina en semejante terreno. Todo el entusiasmo inicial desapareció de repente y la obra quedó abandonada a la espera de una opinión profesional que aún no había solicitado.

Exhausto, se desprendió de las ropas manchadas, que conservaban todavía el olor del perro. Se dio una ducha, tomó un analgésico y se metió en la cama.

Segundos antes de sumirse en el sueño, cuando su cabeza era una sopa espesa elaborada con los recuerdos del día, recordó que no había llamado a su mujer.

La secretaria se asustó cuando lo vio llegar con ambos brazos vendados. Él repitió la versión de la historia dada en el hospital. La joven se ofreció a ayudarlo en lo que necesitase. De algún modo sabía que su mujer no estaba en la ciudad, aunque él no recordaba haberlo mencionado en su presencia. Agradeció el interés pero aseguró que no se trataba más que de arañazos.

Desvió la conversación hacia temas laborales. En su maletín llevaba informes que habría que recuperar a partir de versiones anteriores o rehacer totalmente. La secretaria tomó nota. Él añadió que lo avisara a la hora en que tenía que reunirse con su jefe para hablar de la reunión con los americanos.

Había mentido respecto a las heridas, que si bien no eran graves sí eran dolorosas, en especial la de la muñeca derecha, donde el perro había hundido los colmillos. En el hospital le dijeron que había tenido suerte de que ningún nervio hubiera salido dañado. A pesar de los analgésicos sentía unas fuertes punzadas cada vez que flexionaba la muñeca.

Descubrió que era incapaz de escribir. De todos modos, los sucesos de la noche anterior le volvían a la cabeza sin permitirle concentrarse. Al cabo de media hora de esfuerzos infructuosos lo dejó todo y se recostó en su silla. Permaneció con los ojos cerrados hasta que lo llamó su secretaria.

Para entonces todo el mundo estaba al tanto de su enfrentamiento con el perro. Incluso su jefe se mostró más interesado por ello que por el informe de la reunión y lo obligó a repetir la historia.

Le dijo luego que se fuera a casa, ofrecimiento que él agradeció pero rechazó alegando tener asuntos urgentes que resolver.

No quería volver a casa. Las habitaciones silenciosas y vacías le resultaban insoportables.

A la hora del almuerzo fue al hospital a que le cambiaran las vendas. Las marcas de los dientes estaban hinchadas y rodeadas por un cerco cárdeno. El practicante gruñó al verlas. Limpió las heridas y les aplicó antiséptico en abundancia.

De momento están bien, dijo. Procure no hacer esfuerzos con esta mano. Y le recomiendo que lleve el brazo en cabestrillo unos días.

De regreso a la oficina pidió al taxista que lo dejara donde se encontró con el perro.

A la luz del día y tomado por una vorágine de personas y vehículos, el escenario tenía un aspecto muy diferente. No vio su maletín.

Con reticencia por lo que pudiera encontrar caminó hacia la plaza.

Tampoco allí había nada anormal. Los bancos estaban ocupados por grupos de personas que charlaban despreocupadamente. Una bandada de palomas revoloteaba entre los edificios y la fuente estaba en funcionamiento. Se acercó a ella. No había perro alguno en el agua, ni otros rastros de lo ocurrido unas horas antes; tan sólo un policía municipal que montaba guardia junto a la fuente y que le dedicó una mirada aburrida.

Anuló sus citas y dio orden de que no lo molestaran. Ocupó la tarde en sestear y pasear por el despacho.

Sobre su mesa permanecía la chapa de identificación del dóberman. Cada poco rato la apretaba en el puño y la frotaba como haría con una moneda antigua a la que quisiera sacar brillo.

Había llamado al número de teléfono que había en ella, con el único resultado de una voz pregrabada que lo informó de que el número se hallaba fuera de servicio.

Rememoraba lo ocurrido paso a paso, desde la primera aparición del perro sin nombre hasta su final en el agua. El animal lo había buscado —eso quedó claro cuando lo siguió hasta la fuente— con intención de atacarlo. Si la presencia del dóberman era casual, y si habría agredido a cualquier otro que no fuese él y hubiera tenido la mala fortuna de encontrarse en aquel lugar y en el mismo momento eran lo que lo mantenía en vilo.

A partir de las cinco la actividad en la oficina decayó. Primero las secretarias y luego el resto de empleados se fueron a sus casas.

Anochecía pero él siguió sin encender las luces. La claridad proveniente de los edificios próximos y las farolas de la calle bastaba para iluminar el despacho.

Tomó el teléfono y marcó un nuevo número. Escuchó los chasquidos de las conexiones internacionales; después, los tonos de llamada. Siete, ocho... Ya iba a colgar cuando contestaron.

Antes de oír ninguna voz le llegó el bramido de la música.

Hello!, dijo una voz masculina haciéndose oír entre el barullo. *Who's it?*

Por detrás, sumado a la música, tumulto de muchas voces superpuestas.

¿Sara?

I can't hear you. Could you talk a bit louder?

Sara. *I want to talk to Sara.*

La voz al otro extremo del hilo, fuera de quien fuera, dudó.

Yes, the spanish girl.

Is she there?

Well, let me see.

Se imaginó al desconocido interlocutor alzándose de puntillas entre la congregación que lo rodeaba. Lo oyó preguntar a alguien cercano y a continuación vocear el nombre de su mujer.

Who are you?, preguntó la voz, de nuevo al aparato.

Her husband.

Oh, I see. Hold on, please.

Segundos después el teléfono cambió de manos.

¿Sí?

¿Sara?

¿Sí?

Soy yo.

Te oigo muy mal.

¿Dónde estás?

En una fiesta. Espera, buscaré un sitio más tranquilo.

Oyó fragmentos de conversaciones y una bandeja repleta de copas estrellarse contra el suelo en algún sitio de Miami y a alguien chillar asustado y risas y un gruñido obsceno y música de salsa.

De repente todos los sonidos se apagaron.

Ahora, dijo su mujer.

¿Puedes hablar?

He salido a la terraza.

¿Qué es ese jaleo? Ahí debe de ser la hora de comer.

Más o menos. Es algún tipo de despedida, creo.
¿Quién se va?
No lo sé. No conozco a nadie. Nos ha invitado la dueña de una de las casas que hemos fotografiado.
Ya. ¿Y quién ha cogido el teléfono?
Ni idea. Un tío que estaba más cerca de mi bolso que yo.
¿Y ha contestado?
Pues sí.
Entiendo.
¿Sabes? Tienen un estanque con cisnes.
Cisnes.
Sí. Y se mueren por el calor. Debemos de estar a más de cuarenta grados. Una vez al mes viene un tío de una tienda de animales, recoge el cadáver de un cisne con un cedazo, lo mete en un saco y deja otro nuevo. ¿Qué te parece?
Estúpido.
El dinero vuelve aceptables ciertas estupideces.
Sólo asequibles.
Eso quería decir. He bebido un poco. Deberías ver esto, las manillas de las puertas tienen forma de pico de tucán y hay una pista de baile sobre la piscina.
Explicó que habían montado un armazón de travesaños de lado a lado de la piscina, y encima un suelo de cristal sobre el que se podía bailar mientras veías el agua bajo los pies. Había dos encargados que controlaban el número de personas que subían a la estructura.
Te estás divirtiendo.
En cierta forma es parte del trabajo.
Ya. ¿Y todo lo demás?
En general estoy satisfecha. He hablado con la revista. Están pensando en reunir los reportajes en un número especial.
Es una buena noticia.
De momento es sólo una idea.
Me alegro por ti. ¿Te falta mucho?

Sólo una propiedad más, un refugio de pesca que visitaremos mañana a primera hora. Tomaremos el avión de la tarde. Si no hay contratiempos.

Tengo ganas de verte.

Y yo a ti.

Muchas ganas.

Y yo.

Hubo un breve silencio. Él contemplaba las sombras de su despacho.

¿Cómo estás tú?, preguntó ella.

Bien.

No es verdad.

Te echo de menos. No duermo por las noches.

No es sólo eso. ¿Qué más hay?

Dudaba sobre contarle lo sucedido, pero ella insistió.

Anoche, cuando iba de camino al metro, me atacó un perro.

Su mujer guardó silencio.

¿Me has oído?

Sí. Te atacó un perro.

Eso es.

Cuando dices que te atacó quieres decir que te mordió.

Sí.

Ahora su voz sí sonó preocupada.

¿Estás bien? ¿Es grave?

Estoy bien y no es grave. Me hirió en la muñeca. En las dos muñecas, en realidad.

¿Seguro que no es grave? No me mientas.

Sí. No te preocupes.

¿Has ido al médico?

Me pusieron la antirrábica.

¡Dios mío!

No me pasa nada, sólo estoy un poco impresionado, nada más.

¿Te duele?

Estoy tomando analgésicos.

¿Cómo pasó?

Le contó la primera parte de lo ocurrido: su encuentro con el perro cuando ya tenía la estación de metro al alcance de la vista, el ataque inicial, la pérdida del maletín y su huida precipitada. Se calló el episodio de la fuente y lo de la chapa anónima, para no inquietarla más.

Es raro que te atacara de esa forma.

Sí que lo es.

Se produjo un nuevo silencio.

Entonces, vuelves mañana.

Si todo va bien.

Llámame cuando lo sepas con seguridad. Iré a esperarte al aeropuerto.

No hace falta.

Quiero hacerlo.

Ella vacilaba, la historia del perro la había desconcertado, o tal vez fuera el tono disperso que él había empleado para narrarla.

Te llamaré en cuanto sepa algo. Cuídate.

Y tú vuelve a la fiesta.

Tómate una pastilla si no puedes dormir.

Colgaron al mismo tiempo.

Recogió su escritorio, pidió un taxi y salió del despacho con la chapa de identificación.

A la mañana siguiente se despertó tarde. Tenía la boca seca y la lengua pegada al paladar. Su descanso había sido intermitente, plagado de sueños. Había visto a su mujer arrodillada en un jardín quemado por el sol mientras unas manos velludas le acariciaban la espalda. En la misma escena, sin transición alguna, quedó desnuda, cerró los ojos y se retorció cuando las manos se hundieron entre sus muslos.

Emitió un bostezo cuyo olor acre, más que nunca, le repugnó por lo que tenía de canino.

Lo primero que hizo fue llamar a la oficina para decir que ese día no iría a trabajar. A su secretaria no le extrañó; le deseó una pronta recuperación.

Desayunó en la cocina. A través del ventanal se veía el caos del jardín. El periódico no mencionaba ningún perro ahogado en una fuente.

Consultó un mapa de la ciudad y buscó la dirección que aparecía en la chapa.

Sacó el coche del garaje. La muñeca le dolía un poco al cambiar las marchas; por lo demás podía conducir sin problemas.

Llegó a una zona del extrarradio. El empleado de una gasolinera le sugirió que se olvidara del mapa. A partir de allí sería inútil, aseguró. Sus indicaciones lo condujeron a un pequeño pueblo asimilado por la ciudad en el curso de su crecimiento, y transformado en barrio pobre en el proceso.

Por el lugar pasaría en el futuro una nueva autovía de circunvalación, concéntrica a la existente. Vastas zonas habían sido recalificadas y expropiadas, y lo que en un primer momento interpretó como maquinaria de obra eran en realidad los equipos de demolición que allanaban el terreno.

Calles completas habían desaparecido. Se conservaba todavía el pavimento, cintas agrietadas que surcaban la devastación del lugar; a los lados: confusos apilamientos de escombros. Los postes indicadores con los nombres de las calles se conservaban como orientación para los trabajadores.

Avanzó lentamente, esquivando baches. Su paso atraía las miradas de los técnicos de demoliciones, que desde las cabinas de sus máquinas lo observaban como si estuviera allí para valorar su trabajo. En el curso de una maniobra, una excavadora pasó sobre los restos de un cuarto de baño, una oruga aplastó el lavabo y produjo una explosión de polvo y loza.

En la calle que buscaba sólo quedaba en pie un puñado de casas, agrupadas en un extremo. Detuvo el coche ante el número que figuraba en la chapa del perro.

Era un edificio de tres plantas, en el límite del triste grupo, viejo y con la fachada renegrida. Hasta él llegaba una línea provisional de tendido eléctrico. La mayoría de las ventanas tenía los cristales rotos. Delante había una lavadora y un sofá abandonados, junto a bolsas de basura rotas, con el contenido esparcido.

Salió del coche y colocó el brazo herido en cabestrillo. Empleó un pañuelo cogido del armario de su mujer.

Lo separaba de la ciudad el cinturón de la vieja autovía; el ruido de los vehículos eclipsado por el matraqueo de las máquinas de demolición. Más allá se divisaba el perfil de los primeros edificios. En la dirección opuesta estaban las propiedades que se habían librado de la expropiación, cada vez más dispersas a medida que aumentaba la distancia a la ciudad. Tras ellas comenzaban los campos.

El panel del portero automático estaba arrancado, sólo quedaba un agujero del que asomaba un haz de cables. Empujó la puerta, que cedió bajo su mano. El suelo estaba cubierto por una capa de polvo recorrida por pisadas. Subió la escalera de madera gris y quejumbrosa hasta el último piso.

Se detuvo ante la puerta cuyo número coincidía con el de la chapa del perro. Una puerta normal, con una mirilla hinchada y blancuzca. Pulsó el timbre y esperó.

No oyó ruido al otro lado.

Volvió a llamar, con mayor insistencia y el mismo resultado.

Tras llegar hasta allí se resistía a dar media vuelta sin conseguir nada. Golpeó la puerta con el puño hasta hacerla temblar.

Ahí no vive nadie.

En el extremo del pasillo se había abierto una puerta, apenas una rendija, lo suficiente para que saliera la voz de quien se encontraba al otro lado.

La casa está vacía.

Él se acercó con cautela. Por el estrecho hueco asomaba el rostro de una chica a la que situó en torno a los treinta años. Al verlo aproximarse, ella se echó atrás.

No, por favor, pidió él. No cierre la puerta. ¿Está usted segura?

Sí. Se fueron hace meses.

Él no ocultó su decepción. Sacó la chapa de identificación y leyó en voz alta lo escrito en ella.

¿La dirección es correcta?

Sí, dijo la chica.

¿Sabe adónde fueron los inquilinos?

Ella negó con la cabeza.

Ya, musitó él.

Miró la chapa, acariciándola entre los dedos.

La chica lo observaba intrigada a través de rendija.

¿Vive usted aquí?

Ella asintió.

¿Sabe si las personas de esa vivienda tenían un perro?

Así es.

¿Un dóberman?

Sí.

¿Y sabe de alguien que pueda conocer su dirección actual? ¿El portero del edificio, quizá?

Ella negó a ambas preguntas.

El edificio está vacío, mañana lo derribarán. Yo soy la última que queda.

Él se acercó un poco más en un intento por atisbar el rostro medio oculto tras la puerta.

¿Piensa usted quedarse aquí?

¡Oh, no! Por supuesto que no, respondió ella con una risa juvenil. Me voy ahora mismo. Unos minutos más y no me habría encontrado.

He tenido suerte.

Parece que no, dijo ella. No ha encontrado a quienes buscaba.

Sí, es cierto, respondió él guardando la chapa. Miró la puerta a la que había llamado. En unas horas todo desaparecería bajo las piquetas de demolición, reducido a escombros, al igual que la posibilidad de obtener respuestas.

Será mejor que me vaya.

Dedicó una vaga despedida a la chica y se encaminó a las escaleras. No las había alcanzado cuando volvió a oír su voz.

Disculpe, dijo ella. ¿No tendrá usted un teléfono?

La rendija de la puerta se había ampliado.

Sí, respondió.

¿Me permitiría llamar a un taxi?

La puerta se abrió un poco más, mostrando varias maletas en el suelo de la entrada.

Por supuesto.

Volvió atrás y sacó su nuevo móvil del abrigo. Marcó de memoria el número de una compañía de taxis y le tendió el aparato.

Muchas gracias. Han cortado la línea esta mañana. De no ser por usted habría tenido que pedírselo a los obreros de la autovía.

La observó mientras hablaba. Tenía el cabello rubio, recogido en un moño que la hacía parecer mayor. Llevaba un vestido floreado y un pañuelo al cuello. Era baja y algo culona. Se había maquillado con torpeza, nada que ver con la soltura bien asesorada de los trazos de su mujer. Calzaba unos zapatos negros de aspecto masculino.

Gracias de nuevo, dijo cuando le devolvió el teléfono.

Supuso que ya podía irse, pero ella añadió:

¿Le gustaría pasar un momento?

Debería marcharme.

El perro por el que ha preguntado..., lo recuerdo perfectamente. Ladraba mucho. Las dueñas lo dejaban encerrado cuando salían. Los ladridos eran insoportables, sobre todo por las noches. Varios vecinos se quejaron pero ellas no hicieron nada.

¿Dueñas?

Dos chicas. A mí no me gustaban, y no porque fueran pareja, ya sabe, no tengo nada en contra de eso, pero eran muy ruidosas. Muchas noches volvían tarde y se gritaban... Supongo que bebían. El perro se les unía con los ladridos. No se hablaban con nadie del edificio.

Él estaba plantado en el pasillo y ella repitió su invitación para que entrara.

Hasta que llegue el taxi. La verdad es que no quiero esperar sola, confesó con timidez.

Se hizo a un lado para dejarlo pasar.

Casi todos los muebles habían desaparecido, salvo algunos trastos viejos condenados a acabar bajo los escombros. Pasaron a un salón, una de cuyas paredes se hallaba ocupada por un mueble de estanterías. En las baldas quedaban algunas cintas de música y una enciclopedia de cocina de las que su dueña se desentendía. En el suelo, un viejo calentador de resistencia emitía un zumbido poco tranquilizador. Vislumbró otra habitación, donde había un somier de muelles, varias cajas de cartón y prendas de ropa desperdigadas por el suelo. Comprendió que la chica no quisiera esperar sola en aquel sitio.

Ella llevó dos sillas y se sentaron frente a frente en el salón vacío. La de él tenía las patas flojas y se balanceaba cada vez que hacía un movimiento.

También hubo quejas porque el perro iba sin bozal y hacía sus necesidades en las escaleras, pero ellas les prestaron tanta atención como a las demás.

¿Atacó a alguien alguna vez?

No que yo sepa. Pero el perro daba miedo y se dijo que había matado varios gatos por el vecindario.

¿Era cierto?

Ella se encogió de hombros. Miraba el brazo en cabestrillo.

No estoy segura. A la gente no le gustaba y eso bastaba para que hicieran acusaciones. Decían que volcaba los cubos de basura y que cavaba agujeros en los jardines. Aunque en la misma calle había otros perros que hacían lo mismo.

Y las dueñas se mudaron, dijo él.

Fueron las primeras en coger la indemnización e irse. Una de ellas tenía una tienda en la ciudad. Una herboristería.

¿Sabe dónde o el nombre de la tienda?

No. Ni siquiera estoy segura de que fuera una herboristería.

Ya…

¿Por qué las busca? ¿Ha tenido algún problema con su perro?

¿De veras quiere saberlo?

Ella se encogió de hombros una vez más.

Tenemos tiempo.

Era el turno de él para hablar.

Por primera vez, ante aquella completa desconocida a la que no volvería a ver, narró la historia de principio a fin, sin omitir detalle. Comenzó hablando de la reunión con el tejano y de cómo aquel día había salido tarde del trabajo, de su inquietud al caminar por las calles vacías, de la aparición del perro y del primer ataque, del pánico que sintió cuando se lanzó sobre él, de la preocupación ridícula cuando tuvo que dejar atrás el maletín, de la incredulidad mezclada con nuevo terror cuando el perro lo encontró junto a la fuente, de cómo mojó los pantalones en ese momento y del odio que experimentó hacia aquel ser sin nombre mientras sostenía su cabeza bajo el agua.

Ella mantenía las manos cruzadas en el regazo y lo miraba con expresión incierta.

Habló de la extrañeza del personal del hospital y de los restos de pelo y sangre que se encontró bajo las uñas de camino a casa y de la chapa que lo había llevado a aquella dirección. Habló de la curiosidad de sus compañeros de trabajo, que ahora le parecía tan obvia, e incluso de la conversación telefónica con su mujer, de la fiesta en Miami, de su trabajo escribiendo reportajes sobre las casas de otras personas, de su compañero fotógrafo, que al contrario que el perro era sólo un nombre impreso, sin cuerpo ni voz. Añadió que él nunca le había sido infiel a ella, que estaba confuso, que debían hablar pero le asustaba hacerlo. Y que esa mañana se había levantado y, sin saber realmente qué pretendía averiguar, había conducido hasta allí en busca del dueño del perro.

Cuando terminó, ambos guardaron silencio. La chica se rascó la coronilla con cuidado de no estropearse el peinado.

Bueno, es toda una historia, y lamento no poder ayudarle. No sé por qué el perro estaba allí esa noche, ni si habría atacado a cualquier persona con la que se hubiera encontrado, ni si, de no ser así, qué aspecto de usted lo llevó a hacerlo. No lo sé.

Él asintió.

Así están las cosas.

Así están, confirmó ella.

Siguió un nuevo silencio en que ambos consultaron sus relojes.

El taxi está tardando.

Se habrá perdido.

Se miraron y sonrieron. Ella se colocó bien el pañuelo del cuello y alisó la falda.

¿Adónde va usted?, preguntó él señalando las maletas que aguardaban junto a la puerta.

A las islas, respondió sin concretar.

¿Piensa vivir allí?

Con mi hermana. Tiene un negocio de artesanía. Vende recuerdos a los turistas.

Suena bien.

Ella miró a su alrededor, las habitaciones vacías.

Espero que sí. No conozco el sitio. La verdad es que nunca he salido de esta casa.

Todo le irá bien, aseguró él. Después de la paciencia que ella había demostrado se sentía en la obligación de darle esperanzas. De todos modos siempre puede regresar. En caso de que no le guste.

No tengo motivos para volver.

En ese caso, qué mejor ocasión para empezar de nuevo.

Había transcurrido un buen rato desde que llamó al taxi. Él sugirió que bajaran a la calle a esperarlo.

¿Está lista? ¿Quiere que la ayude con las maletas?, dijo, y se puso en pie y tomó la mayor del grupo con su mano libre antes de que ella pudiera contestar.

La chica se las arregló para coger el resto.

Cuando salieron no se molestó en cerrar la puerta.

Frente al edificio aguardaba un taxi con el motor en marcha. El conductor estaba a varios metros, hablando con uno de los trabajadores. Al verlos aparecer con las maletas corrió hacia ellos.

Esto es un desastre, dijo señalando a su alrededor. Creía que me había perdido.

Acomodaron los bultos en el vehículo y la chica pasó lista al contenido de su bolso.

Se despidieron mediante un apretón de manos, deseándose suerte.

En el último atisbo que tuvo de ella, mientras se alejaba en el taxi, volvía a indagar en el bolso.

Durante un tiempo conservó la chapa de identificación. La llevaba encima, la apretaba en el puño y jugueteaba con ella. El roce continuo con la ropa y los dedos terminó por dejarla reluciente. Luego la perdió. Una mañana no fue capaz de encontrarla. Sintió un leve fastidio. Dos días después la había olvidado.

Pasaron seis meses. El frío quedó atrás y el verano llegó con toda su fuerza.

Una noche se despertó presa de la sed. Hacía calor en la habitación. Las sábanas yacían en un montón al pie de la cama. Su mujer dormía profundamente; el reluciente vientre de embarazada reflejaba la escasa luz nocturna.

Se levantó teniendo cuidado de no despertarla y fue a la cocina.

La piscina estaba terminada. Tenía un trampolín y una zona de poca profundidad, separada por pilotes sumergidos. El riego automático del jardín estaba en funcionamiento. El sonido, relajante, hablaba de descanso y buen tiempo.

Mientras bebía un segundo vaso de agua distinguió algo en el exterior.

En el jardín había un perro.

Era grande, de pelo largo y negro, y corría de un lado a otro persiguiendo los arcos de agua de los aspersores. Saltaba y lanzaba mordiscos al aire plagado de gotas. Parecía feliz, totalmente enfrascado en su juego. Cada poco se detenía para sacudirse el largo pelaje, compitiendo con los aspersores.

En un momento dado se detuvo a beber inclinado sobre el borde de la piscina. Hacía tanto calor que nubes de vapor se elevaban de su cuerpo.

Sería el perro de algún vecino, supuso, aunque nunca antes lo había visto por los alrededores. Lo observó largo rato, dudando sobre si salir a echarlo o no, hasta que el animal notó su presencia. Se quedó clavado en mitad de una carrera y miró hacia la cocina. Sus ojos eran tan negros como el resto del cuerpo, opacos.

Involuntariamente, él dio un paso atrás. Sintió que una aguja de hielo le atravesaba el pecho y congelaba el agua que acababa de tomar.

El perro agachó la cabeza para distinguir mejor la silueta que lo espiaba desde la casa. Después dio media vuelta y saltó sobre el muro del jardín con la agilidad de un diablo burlón.

Él dejo el vaso en el fregadero y regresó al dormitorio. La inquietud provocada por el animal tardó en pasar. Ya próxima la mañana, se durmió abrazado al vientre hinchado de su mujer.

Pequeñas imperfecciones

¿Podemos cancelar lo de esta noche?

La pregunta quedó sin respuesta en el interior enrarecido del taxi. Lentamente, Israel se volvió hacia su mujer.

No me encuentro bien, añadió ella. Me parece que está empezando otro de mis ataques.

El vehículo los llevaba a su casa. Avanzaba con lentitud. Una tormenta descargaba desde el final de la tarde y la lluvia entorpecía el tráfico hasta el punto de haber convertido toda la ciudad en un enmarañado atasco. En las aceras, personas a las que la lluvia había sorprendido desprotegidas hacían señas desesperadas para conseguir un taxi.

Habían ido a visitar a los padres de ella, algo que a Israel siempre le incomodaba.

El padre de Silvia —coronel retirado del Ejército del Aire— se recuperaba de una operación de *by-pass*. A decir de los médicos se reponía satisfactoriamente, lo que parecía innegable al verlo repartir órdenes sentado en su butaca anatómica nueva —trono desde el que reinaba durante la convalecencia— y exigir la atención inmediata de todos. Su mujer, una doncella, la cocinera y el ayuda de cámara que conservaba desde su época militar correteaban a su alrededor, dispuestos a satisfacer todos sus caprichos con tal de que no se encolerizase y su ritmo cardiaco no aumentara peligrosamente.

Nada más llegar, Silvia se había perdido con su madre en algún rincón de la casa, dejando a Israel solo ante la verborrea de su suegro, un discurso plagado de juicios radicales y teorías descabelladas. En opinión del coronel, cualquier decisión política, reforma social, desarrollo tecnológico o, en general, toda señal de progreso y avance de los tiempos era merecedora de crítica, firme defensor como era de la gerontocracia como único sistema eficaz de gobierno. Eso incapacitaba a Israel —dada su juventud— para intervenir con una opinión que fuera tenida en cuenta. Como en anteriores visitas, se había limitado a escuchar, retraído en su sillón, y asentir a lo que decía el viejo mientras éste castigaba con un encolerizado índice las páginas del periódico, taladrando la última noticia motivo de su indignación, lo que entorpecía seriamente la labor de la doncella, que intentaba limarle las uñas.

Afortunadamente, la visita no se había prolongado demasiado. Silvia regresó poco después, besó a su padre en la coronilla, le pidió que hiciera caso a los médicos y anunció que tenían que irse. Llevaba en las manos una caja de cartón, sobre la que Israel, ansioso por salir de allí lo antes posible, no se detuvo a preguntar. Desde la calle llegaba el estampido de los primeros truenos.

En el taxi Israel había vuelto a animarse al pensar en la velada que les aguardaba. Esa noche se estrenaba una obra de teatro por la que tenía gran interés. Había comprado las entradas con semanas de adelanto, después de seguir en la prensa especializada los detalles de la producción.

La lluvia repiqueteaba sobre el techo del taxi, cuyo interior era cómodo y abrigado. No le molestó la demora producida por el atasco. Tenían tiempo de sobra hasta el comienzo de la obra.

¿La alergia?, preguntó. ¿Ahora?

En los últimos minutos la había visto recurrir varias veces a los pañuelos de papel que llevaba en el bolso.

Sofocó un gesto de fastidio. A Silvia no le interesaba el teatro, la mayoría de las veces iba sólo por acompañarlo, y era posible que estuviera usando uno de sus ataques como excusa para quedarse en casa.

Pero al mirarla mejor vio que tenía los ojos y la nariz enrojecidos, síntomas inequívocos de declive.

Silvia sufría, en mayor o menor medida, alergia a una extensa serie de agentes, lo que la había obligado a pasar parte de la infancia recluida en casa, en un ambiente prácticamente esterilizado, durmiendo junto a una pequeña bomba que aspiraba y filtraba el aire de la habitación.

¿Cómo?

No sé. Mamá ha estado sacando cosas viejas de los armarios.

Israel siguió sin responder a la pregunta. Francamente, sentiría perderse la obra.

Falta más de una hora, ¿crees que si descansas un poco podrás ir?

Como respuesta ella volvió a sonarse la nariz. Los dos sabían que cuando empezaba un nuevo ataque el único remedio posible era tomar una fuerte dosis de antihistamínico, que la dejaba atontada por espacio de varias horas, y meterse en la cama.

A fuerza de sonarse, tenía las aletas de la nariz cada vez más enrojecidas. Se había recostado para descansar la nuca en el respaldo del asiento. Parecía que el ataque iba a ser de los graves.

¿No podemos ir más deprisa?, preguntó con voz nasal.

Hago lo que puedo, señora, dijo el conductor.

Israel acarició la rodilla de su mujer.

En caso de haber notado indicio de fingimiento, habría propuesto que ella se quedara descansando e ir él a la función. Pero en aquellas circunstancias no era correcto ni conveniente dejarla sola. Después de tomar la medicación, Silvia se sumía en un aturdimiento en el que yacía incapaz de hacer nada, rodeada por una constelación de pañuelos de papel arrugados, hasta que por fin se deslizaba a un sueño repleto de ronquidos.

Entonces, ¿no te importa?

No, respondió él. No me importa.

Esa noche dormiría en el sofá del salón.

Encajada entre los dos en el asiento estaba la caja que ella había cogido en casa de sus padres.

La madre de Silvia planeaba reformar la antigua habitación de ésta y montar un cuarto de ejercicios. Iba a instalar una cinta para caminar, una bicicleta estática y un banco de pesas. El arreglo incluía cubrir una pared con espejos. Afirmaba que una rutina de ejercicio suave sería beneficiosa para su marido tras la convalecencia.

Se ha vuelto loca si piensa que el coronel va a empezar ahora a hacer abdominales, declaró Israel cuando Silvia se lo contó.

Sólo es una disculpa. En realidad es ella la que quiere el cuarto de ejercicios. La horroriza ducharse en el gimnasio.

En el transcurso de la limpieza previa a la reforma, su madre había encontrado algunas cosas de Silvia en los cajones y el fondo del armario, y las había guardado en la caja.

Lo siento, dijo Silvia. Me apetecía mucho el plan.

No es culpa de nadie.

Es un fastidio. Podemos conseguir entradas para otro día. El próximo fin de semana.

Puede, respondió él, poco convencido.

Dios..., musitó ella presionándose los ojos con las palmas de las manos. ¿Es que no vamos a llegar nunca?

Ya falta poco.

El tráfico era cada vez más fluido. Israel acarició la nuca de su mujer. Ella tenía una cabellera rojiza, de rizos espesos, entre los que se hundieron sus dedos. Le gustaba acariciarle el pelo. De no haber estado la caja entre ellos Silvia habría respondido apoyando la cabeza en su hombro.

Apenas llovía cuando el taxi los dejó frente a su edificio.

Lo primero que hizo Israel fue telefonear a la pareja que iba a acompañarlos al teatro. Silvia no se encontraba bien. No, no, nada grave, pero era mejor que se quedara a descansar. Gracias, muy amable, se lo diría. Por supuesto, sus entradas estaban disponibles si sabían de alguien que quisiera ocupar su lugar. Sentía avisar con tan poca anticipación. Sí, estarían en casa toda la noche.

Silvia inició los prolegómenos a la toma de medicamentos. Llevó una caja de pañuelos junto a la cama y acercó una papelera. Cuando Israel entró en el dormitorio la encontró llenando el depósito del humidificador. El aparato la ayudaba a dormir. Anteriormente había probado con la aromaterapia, pero ni el aceite de cedro ni el de laurel habían surtido efectos apreciables, aparte de impregnar la casa de un olor espeso y hacer lagrimear a Israel. Finalmente, el quemador de esencias —un cuenco metálico bajo el que se colocaba una vela— había terminado en la basura, junto con todas las muestras.

Israel sacó una manta del armario y la llevó al salón; también su pijama, el despertador y el libro que estaba leyendo. Silvia no hizo comentarios; el ritual se repetía cada vez que ella sufría una recaída.

Aún era pronto para acostarse. Dejó caer todo en un montón sobre uno de los sillones y regresó con ella.

Silvia ya se había desvestido y puesto el camisón. A sabiendas de que después de tomar los antihistamínicos no dispondría de la coordinación necesaria, se desmaquillaba en el cuarto de baño. Israel entró, se sentó en la tapa del inodoro y la observó hacer.

¿Cómo te encuentras?

Cuesta abajo.

En la mesilla de noche aguardaba el sobre cuyo contenido disuelto había de ingerir junto con dos cápsulas, cóctel que la reduciría hasta casi la inconsciencia durante las siguientes horas.

Israel se sacó los calcetines y los tiró al cesto de la ropa sucia, donde cayeron sobre la ropa interior de su mujer.

A esa hora deberían haber estado vistiéndose para ir al teatro.

Apartó el pensamiento de la cabeza.

¿Qué vas a hacer tú?, preguntó Silvia mientras se aplicaba crema hidratante en los codos.

No sé. Leer. Supongo.

Puedes encender el televisor si quieres. No me molesta.

Israel volvió al salón. Sólo quería que las horas pasaran con rapidez y llegara el día siguiente.

Poco después Silvia fue a darle las buenas noches. Con la cara limpia, la nariz enrojecida destacaba más.

¿Ya te lo has tomado?

Ella asintió.

En ese caso, buenas noches.

La besó en los labios, pegajosos por el protector de cacao.

Buenas noches.

Estaré aquí para cualquier cosa que necesites.

Ella le acarició la mejilla y se retiró al dormitorio, dejando la puerta entornada.

Él se quedó plantado sin saber qué hacer.

El salón, como el resto de la casa, estaba decorado siguiendo un estilo moderno, con uno de sus lados abierto a una amplia terraza. Los espacios eran amplios, agrandados por puertas correderas y tabiques ligeros de madera de mokali. Disfrutaban de una calidad de vida alcanzada gracias a su esfuerzo conjunto, lo que los hacía apreciarla aún en mayor medida.

Silvia era copropietaria de dos tiendas de ropa donde vendía diseños propios. Empezaba a ser conocida y recibía cada vez más encargos; su participación se había solicitado en varios desfiles. La segunda copropietaria —una ex maestra de escuela de cincuenta años— se encargaba del diseño de los complementos.

Israel trabajaba para una firma de arquitectos.

A fin de no desaprovechar el tiempo, se sentó a la mesa de dibujo que había en un extremo del salón y que los dos compartían. Apartó unos figurines de Silvia y fijó un pliego de papel sobre el tablero. Sostuvo un momento el lápiz sobre la superficie en blanco, como si el propio objeto fuera el encargado de decidir dónde había de posarse, y comenzó a trazar bocetos.

Pero al poco rato lo dejó todo a un lado, incapaz de concentrarse. Esa noche estaba destinada al teatro y, más tarde, a unas copas y una animada charla sobre la función. Llevaba días esperándolo. No podía olvidarlo y ponerse sin más a trabajar.

Cuando llamaron al timbre tuvo otro motivo para abandonar la mesa de dibujo. Se apresuró a abrir la puerta antes de que se produjera una segunda llamada.

Eran sus amigos. De camino al teatro se habían detenido para recoger las entradas que les había ofrecido. Los acompañaba otra pareja. Israel no los conocía. Tras unas rápidas presentaciones, éstos se mostraron muy agradecidos; habían intentado conseguir entradas por todos los medios, explicaron, pero demasiado tarde, cuando ya todo estaba vendido.

Y hoy..., esa llamada sorpresa diciendo que había dos entradas para nosotros. Apenas hemos tenido tiempo para vestirnos, dijo el miembro femenino de la pareja suplente.

Israel le restó importancia. Hablaban en susurros para no molestar a Silvia. Los informó de que ella se había acostado y ya estaba mejor. Sus amigos le desearon una pronta recuperación y prometieron telefonear al día siguiente. Se despidieron apresuradamente; había un taxi esperándolos.

Cuando cerró la puerta, sufrió un nuevo ataque de decaimiento. Se quedó unos segundos inmóvil, sin retirar la mano del pomo.

A sus pies, bajo el perchero del recibidor, donde ella la había dejado, estaba la caja que había traído Silvia.

La empujó suavemente con el pie. La caja se desplazó sin oponer resistencia. No era pesada.

¿Silvia?

Había una lámpara encendida en el dormitorio, con un pañuelo por encima para atenuar la luz. Silvia estaba en la cama, con los ojos cerrados y la espalda recostada sobre varios almohadones. Tener la cabeza erguida la ayudaba a respirar.

Mmm..., dijo cuando Israel repitió su llamada.

¿Estás despierta?

Ssssí, logró articular.

¿Puedo ver lo que hay en la caja?

Ella frunció el ceño.

¿Qué?

La caja. La que has traído de casa de tus padres. ¿Puedo ver qué hay dentro?

Silvia apretó los párpados como si le costara saber de qué hablaba.

Sí, masculló, puedes abrirla.

En la parte superior, cubriendo el resto del contenido, había un jersey viejo. Israel lo retiró con cuidado y se asomó al interior de la caja. Se había acomodado en la mesa del salón.

Casetes de música, un trofeo de un campeonato de baloncesto femenino, un teléfono con la forma del gato Garfield con el cable enrollado a su alrededor como una segunda cola, un diario con media docena de páginas escritas, dos libros de poesía...

Todo se fue extendiendo sobre la mesa, representando facetas de su mujer bien conocidas por él: su sensibilidad un tanto cursi y la contradicción entre el espíritu de superación, simbolizado por el trofeo, y la inconstancia del diario apenas comenzado.

Sólo quedaba otro objeto en la caja. Un joyero de madera con incrustaciones de hueso. Estaba abierto. La diminuta llave que en el pasado había mantenido su contenido a buen recaudo debía de haberse perdido. Dentro había dos pendientes de bisutería desparejados y varias cartas con la cenefa azul y roja del correo aéreo. El remitente era la chica canadiense con quien Silvia había realizado un intercambio en su época del instituto, y con la que había mantenido correspondencia durante años. Debajo de todo ello, unas fotos, abarquilladas y cubiertas de huellas dactilares.

En ellas aparecía un paisaje desértico de rocas y arena y construcciones de adobe. Y Silvia, acompañada por personas a las que Israel no conocía. Por el corte de pelo de ella dedujo que las fotos tenían bastantes años.

Las barajó con detenimiento. La mayoría habían sido hechas bajo un sol intenso que apagaba los colores, como si todo se viera a través de un filtro amarillento. Distinguió a Silvia apoyada en el costado de un Land Rover, hablando con un joven vestido con chilaba. Tanto ella como los que debían de ser sus amigos iban ataviados con ropa ligera. En una de las fotos aparecía ella en solitario, en plano medio, llevando nada más que unos tejanos desgastados. Se cubría y levantaba los pechos con las manos, mirando a cámara con sonrisa granuja. De la comisura de la boca le colgaba un cigarrillo.

Sostuvo la foto ante sí, sonriendo también. Luego la retiró a un lado.

En la última foto aparecía nuevamente ella, junto a otras dos personas: un hombre y una segunda chica. Descansaban sobre tumbonas en la azotea de un edificio. Atardecía. Tras ellos se extendía el mismo paisaje desértico que en las fotos anteriores, rematado en la distancia por una línea de montañas violetas. En el reverso de la foto y con letra de Silvia: *Tánger, 1985*.

El hombre estaba en el centro, con Silvia muy próxima a él. Los dos sonreían ante algo que decía la otra chica.

La figura masculina captó la atención de Israel.

Vestía unos *shorts*, camisa desabrochada y abarcas de piel. Estaba cómodamente recostado en la tumbona, escuchando divertido lo que fuera que les estuviera contando la chica, mientras Silvia, inclinada hacia él, apoyaba la mano en su antebrazo con gesto cómplice.

Aunque nunca lo había visto, supo de quién se trataba.

El primer novio de Silvia.

El primero de importancia.

Habían estado juntos cuatro años, durante la universidad, hasta que él rompió su relación sin previo aviso, ofreciendo como única razón —o al menos eso era lo que Israel había podido averiguar— su intención de trasladarse a Inglaterra y comenzar allí una carrera como publicista. No le hizo cambiar de idea el ofrecimiento de Silvia de acompañarlo. Para que el cambio fuera completo y verdadero, declaró él, era necesario llevarlo a cabo en solitario.

El disgusto de Silvia aumentó al saber que la decisión no era repentina sino que llevaba meses gestándose sin conocimiento de ella, y que en el momento de hacerla pública él ya disponía de alojamiento en Londres y fecha de incorporación en una agencia de publicidad.

Durante los días siguientes Silvia apenas salió de casa. Trataba de averiguar qué parte de los motivos de tal decisión le correspondía a ella. Intentó ponerse en contacto con él, siempre en vano. Sufrió una recaída de alergia y engordó cinco kilos. Pasaron semanas antes de que recuperara un ritmo de vida normal.

Seis meses después, en una fiesta organizada por un amigo común, conoció a Israel.

Lo que éste sabía del antiguo novio lo había averiguado uniendo retazos de conversaciones oídas en casa de sus suegros. Silvia rechazaba hablar de él; sin embargo su madre lo mencionaba con relativa frecuencia y en un tono sorprendentemente falto de resentimiento.

Israel no se consideraba un hombre celoso. Aceptaba aquella relación como una parte más del pasado de su mujer, igual que su historial médico o su época de militante ecologista, durante la que se encadenaba en la entrada de compañías papeleras y curtidurías de pieles. Pero no dejaba de sorprenderlo, dado el modo como terminaron las cosas, la profunda huella dejada por aquel joven en su mujer. Huella evidenciada por las horas de silencio melancólico en que ella se sumía cada vez que su recuerdo salía a la luz.

Una noche, después de una visita a sus suegros, Israel la abordó al respecto. Horas antes, alardeando de sus fuentes de información, la madre de Silvia había anunciado, como quien no quiere la cosa, que al ex novio le iba muy bien en Londres, donde aún vivía y acababa de inaugurar su propia agencia de publicidad. Silvia estaba inmersa en uno de los silencios habituales en tales ocasiones y se volvió hacía él, irritada por sus preguntas, como si fuese un tema sobre el que no debería estar enterado. A continuación le espetó un: «Tienes mucho que aprender de él», que dejó a Israel sin palabras. Pasaron unos segundos antes de que pudiera responder.

¿Qué? ¿Qué es lo que tengo que aprender de él?, preguntó enfadado.

Ella miraba el suelo y negaba con la cabeza.

Dímelo. Me gustaría saberlo. ¿Qué tengo que aprender de él?

Silvia hizo un gesto de pasar página pero él insistió.

¿Qué? ¡Qué!, dijo, casi gritando, ante lo que ella se encerró en el baño dando un portazo. Se quedó allí hasta que él se hubo calmado.

Miró de nuevo las fotos. La de la azotea era la única en que aparecía el antiguo novio.

No podía interrogar a Silvia al respecto. Sus ronquidos le llegaban desde el dormitorio. Y aun en el caso de estar despierta, tampoco lo habría hecho.

Era él. Estaba seguro.

Contempló la foto largo rato, fijándose en cada detalle. Después la apartó con un suspiro.

Una a una volvió a guardar las cosas en la caja. Tuvo la tentación de quedarse con la foto de Silvia semidesnuda, pero finalmente la puso junto con las otras en el joyero. Hizo lo mismo con la foto del ex novio. Colocó el jersey viejo cubriéndolo todo y dejó la caja donde la había cogido, como si nunca se hubiera movido de allí.

Al día siguiente no haría comentario alguno al respecto. Esperaría a que fuera Silvia quien lo hiciese, que le preguntara si había mirado dentro, a lo que él respondería negativamente.

Pero sabía que eso no pasaría. Ella esperaría a estar a solas para mirar en la caja, y luego ésta y su contenido desaparecerían. Israel no sabría más de ellos y nunca serían mencionados.

No había cenado nada pero tampoco tenía hambre. Había dejado de llover. Salió a la terraza a fumar un cigarrillo.

El tráfico había menguado y se movía con fluidez, las luces se reflejaban en el asfalto mojado. La tormenta había dejado tras ella una brisa fresca e inquieta a modo de rebufo que se encargaba de abrir las nubes, entre las que colgaba un gajo de luna con bordes afilados.

Israel respiró el olor a ciudad mojada que ascendía hacia él. No dejaba de pensar en la foto y la imagen de aquel hombre; chico, en realidad, en el momento en que fue tomada.

Si algo le había llamado la atención de él era, sin duda, su incuestionable fealdad.

A pesar de la limitada calidad de la foto, quedaban claros varios rasgos que evidenciaban un escaso —casi inexistente— atractivo físico. Su cabello, de un castaño desvaído, se encontraba en franco retroceso, y tras su sonrisa asomaba una línea de dientes montados. Estaba muy delgado, desprovisto casi de masa muscular. Tenía los hombros encogidos y la camisa abierta ponía en evidencia el pecho hundido de un niño desnutrido.

Y a pesar de todo Silvia apoyaba cariñosamente su mano sobre él.

A falta de conocer más cosas —no era capaz de discernir si quería o no saberlas—, le molestaba que su mujer se hubiera sentido atraída por alguien así.

Israel medía un metro ochenta y cinco y se mantenía en buena forma, tenía un mentón marcado y una cabellera espesa que se peinaba hacia atrás. Todas las chicas con las que había salido antes de casarse eran atractivas. Y Silvia no era una excepción. Contaba con un cuerpo esbelto, espolvoreado de pecas, con la piel pálida y el cabello rojizo, legados de algún antepasado anglosajón. Sus ojos eran verdes y la nariz dulcemente aguileña.

Todos quienes los conocían declaraban que formaban una excelente pareja. Llamaban la atención. Su aspecto casaba con su estilo de vida y la casa donde vivían.

Después de varios años de matrimonio, a Israel seguía atrayéndole el cuerpo de su mujer. Aceptaba con un interés cargado de curiosidad los pequeños cambios que el tiempo iba trazando en él, y día tras día lo exploraba sin saciarse. Se corría mirándola a los ojos.

En el cuarto de baño tenían una bañera de cristal; un capricho construido por encargo, de paredes de dos centímetros de grosor, el objeto más caro de la casa. A Israel le gustaba sentarse a observar mientras Silvia se daba largos baños en ella, con su cuerpo teñido por el verde pálido del cristal y las nalgas aplastadas contra el fondo. En la superficie flotaba una capa de espuma bajo la que pendían filamentos de jabón no disuelto. Recordaban a las algas que habitan la parte sumergida de los icebergs. A veces ella se giraba para decirle algo, con uno de sus pechos contra el costado de la bañera, y su pezón adquiría el aspecto de una anémona adherida al cristal.

Apuró el cigarrillo y arrojó la colilla a la calle. Volvió al salón.

Ahora que conocía el aspecto de su predecesor no podía sacarse de la cabeza las palabras de Silvia: «Tienes mucho que aprender de él».

Deseó más que nunca averiguar qué podría aprender. Qué había visto Silvia en él. Qué lo hacía diferente de los demás.

Israel y Silvia presumían de comunicarse abiertamente, de hacer encajar de la forma más armoniosa posible las piezas de su matrimonio, dejando margen para las manías particulares y los momentos de soledad que periódicamente demandaba cada uno.

Él pensaba que compartía su vida con la persona adecuada, que lo complementaba y comprendía, y que durante la mayor parte del tiempo lo hacía feliz. No tenía deseos de cambiar, no sentía carencias acuciantes. Y, por lo que sabía, ella había llegado a una conclusión semejante respecto a él.

¿Qué era entonces lo que aquel joven de aspecto enclenque tenía que él no?

Paseó por el salón reprimiendo el deseo de abrir de nuevo la caja y echar otro vistazo al ex novio, con sus ojillos demasiado juntos y la barba sembrada de calvas.

Lo sorprendió la medida en que lo molestaba que su predecesor no fuese atractivo, como si ello restase mérito a su conquista, a que Silvia lo hubiera escogido a él. Se preguntó si en caso de que hubiera sido un adonis musculoso se sentiría satisfecho y no presa, como ahora, de un desconocido ataque de celos retroactivos.

Finalmente se contuvo. En lugar de mirar en la caja se asomó al dormitorio.

Silvia dormía con la boca entreabierta, respirando pesadamente. La calefacción estaba encendida, y la escasa luz, junto con el calor acumulado y el efecto del humidificador, creaban un ambiente de invernadero, donde el aroma vegetal era sustituido por la mezcla de olores de sueño y enfermedad que emanaba de ella. El conjunto recordaba a la atmósfera de una floristería un lunes por la mañana, cuando aún no se han retirado las flores muertas durante el fin de semana.

Silvia se había deshecho de las mantas, que formaban un revoltillo al pie de la cama, y yacía cubierta sólo por el camisón, una prenda larga, gastada y sin adornos.

Israel se acercó en silencio. Inclinándose hasta colocar el rostro a la altura del de su mujer, vio sus párpados temblar por el movimiento frenético de los ojos, como entregados a un divertimento privado.

Dormía ovillada, con las manos en el hueco del cuello, en posición de oración. Detuvo la mirada en la curva de su cadera, marcada bajo el tejido del camisón. Si hubiera deslizado los dedos sobre la nalga izquierda se habrían hundido en un pequeño hueco situado en su parte superior y un poco hacia un costado, donde en su infancia un médico militar poco informado le aplicó varias inyecciones de penicilina para atajar un ataque de alergia. El cuerpo reaccionó violentamente al antibiótico, la carne se contrajo, formando una cavidad con la forma y el tamaño de una mordedura de animal. En verano Silvia buscaba bañadores que ocultasen tal imperfección.

Era el único defecto —exterior, al menos— de su cuerpo. La nota de imperfección que dignificaba el resto de sus imponentes rasgos.

Ciertas noches, durante los prolegómenos del sexo, Silvia se tendía boca abajo en la cama y permitía a Israel llenarle el pequeño hueco con saliva. Durante unos momentos él se recreaba en la imagen del oasis en miniatura, hasta que ella se movía —llevada por la risa o la excitación— y su contenido corría en regueros hacia el canal entre las nalgas.

Silvia se agitó de repente. Despegó un párpado. No pareció sorprenderse porque Israel estuviera junto a la cama. Emitió un gemido y abrió y cerró la boca haciendo chasquear la lengua.

Él sirvió un vaso de agua de la jarra que había en la mesilla y se lo acercó a los labios. Le sostuvo la cabeza para que bebiese.

Pensó mientras tanto que lo único que hacía especial al chico de la fotografía era cómo había desechado a una persona que lo quería, y a la que quería, a cambio de satisfacer un deseo estrictamente personal y lanzarse a un destino incierto.

Cuando Silvia terminó de beber Israel llevó su cabeza hasta los almohadones. Al instante ella volvió a dormirse.

Salió de la habitación con el mismo sigilo con que había entrado.

En el salón se puso el pijama, apagó las luces y se tendió en el sofá, donde se estiró con crepitar de huesos.

Segunda parte

Paso a paso hacia el final del día

Había cambios en el pueblo. El hombre pasó ante una tienda de equipos de submarinismo, otra de productos dietéticos y una franquicia de lencería; todos negocios nuevos. Algunas fachadas habían sido chorreadas con arena. Pero lo principal seguía allí, inalterado. No gran cosa. Una bruma salada atenuaba la luz de las guirnaldas de bombillas tendidas sobre la calle principal. El único indicio de las fiestas navideñas.

No había podido resistir la tentación de echar un vistazo. Pero se hacía tarde. Sin más preámbulos puso rumbo al cementerio.

Aparcó el coche frente a la verja del camposanto y buscó entre los bloques de nichos el lugar donde iban a enterrar a su padre.

Le sorprendió el número de asistentes, más reducido aún de lo que esperaba. Sólo cinco hombres, todos de edad avanzada y rostro abotagado, abrigados con chaquetones de pana. Marineros retirados. Uno iba en zapatillas. No reconoció a ninguno. Sin embargo su identidad sí debía de estar clara para ellos pues al verlo aproximarse hubo inclinaciones de cabeza y un incómodo y generalizado restregar de pies contra el suelo.

La ceremonia ya había empezado. El sacerdote también era nuevo, un joven con gafas de pasta de diseño moderno. La reserva con que recitaba el responso indicaba que era una de las primeras ocasiones —si no la primera— que lo hacía.

El hombre contempló el ataúd y la única corona de flores que lo acompañaba. Al cabo de unos minutos las palabras del sacerdote derivaron hacia un sonsonete monótono y se distrajo sin poder evitarlo. Dejó vagar la mirada por los rostros de los asistentes y más allá, hasta las tumbas de la parte antigua del cementerio. Recordó cuando, siendo él niño, un ascenso del nivel freático hizo que el agua alcanzara las tumbas y penetrara en las cajas. Ni el ayuntamiento ni la parroquia disponían de fondos para drenar el suelo, por lo que los restos permanecieron así, disolviéndose en sus ataúdes, hasta que la pulpa resultante se sedimentó en una burda parodia de entierro marinero.

Su padre estaría seco. Su lugar estaba en el último nivel de un bloque de nichos, a dos metros del suelo. Haría falta una plataforma elevadora para subir el ataúd y, más tarde, una escalera para ponerle flores, ocurriese eso cuando ocurriese.

El oficio concluyó con suavidad. Dos de los marineros se acercaron para estrechar la mano al hombre y murmurar unas palabras ininteligibles. Los demás se alejaron con las manos hundidas en los bolsillos. Una vez se hubieron ido todos, el sacerdote se aproximó también, luciendo una sonrisa demasiado amplia, dadas las circunstancias.

Me alegro de verlo. Pensaba que no iba a venir.

Había sido el sacerdote quien el día anterior lo llamó para comunicarle el fallecimiento. Después, creyendo por el tono falto de sorpresa del hombre que el anuncio no le había afectado en exceso, pasó a hablarle de sí mismo. El hombre había permanecido con el teléfono pegado a la oreja, oyendo aquella voz desconocida que lo informaba de su reciente llegada al lugar y de los planes que tenía para la parroquia; pensaba reparar el tejado de la iglesia e instalar un nuevo sistema de calefacción.

El difunto había reservado el nicho hacía años y la cofradía de pescadores corre con los gastos del entierro, le dijo el sacerdote mientras salían del cementerio.

Entonces, ¿está todo arreglado?

Por ese lado sí. Tendrá usted que ir a la pensión donde se alojaba, para recoger sus cosas.

¿Sabe si debía algo allí?

Probablemente. Quiero decir que probablemente lo debía.

Bien... Iré.

Y añadió:

Quiero darle las gracias por cómo lo ha llevado todo.

Le resultaba extraño tratar de usted a alguien más joven que él.

No hay de qué, respondió el sacerdote. Es parte de mis obligaciones y, como he dicho, no sabía si usted iba a venir o no.

Yo..., empezó a decir el hombre sacando del bolsillo un sobre con un cheque, no sabía cómo se iban a solucionar las cosas y he traído esto en previsión.

No es necesario.

¿Cree que debería entregárselo a la cofradía?

Ésa es su decisión.

Una vez más, ¿podría usted hacerse cargo?, preguntó tendiendo el sobre, que el otro tomó con miramiento.

¿A la cofradía?, preguntó el sacerdote sosteniéndolo entre el índice y el pulgar.

El hombre lo meditó un instante.

No. A la parroquia, dijo. Creo que es lo correcto.

El sacerdote agradeció su generosidad y le mostró de nuevo sus condolencias antes de despedirse.

Espero volver a verlo por aquí, dijo.

Sí, es posible, respondió el hombre con vaguedad.

Se ofreció a llevar al sacerdote de regreso al pueblo pero éste disponía de su propio coche. Se estrecharon la mano.

El hombre ya estaba sentado al volante cuando, en un arrebato, bajó el cristal de la ventanilla y llamó al sacerdote. Éste se detuvo, con las llaves de su coche en la mano.

Oiga... Lo del sobre, dijo el hombre, mejor mitad para la parroquia y mitad para la cofradía, ¿de acuerdo?

El sacerdote asintió en silencio.

La pensión no estaba lejos del cementerio. Un anciano abrigado con una chaqueta de lana le abrió la puerta. Ante las explicaciones del hombre acerca de quién era y el motivo por el que estaba allí respondió con un escueto: ¡Ah, sí!, y lo guió por un pasillo estrecho y oscuro. Pasaron ante una sala de estar de la que salían voces roncas y cada pocos segundos el estampido de una ficha de dominó contra una mesa. En el extremo del corredor se detuvieron frente a una puerta cerrada con llave que el anciano procedió a abrir.

Un olor a ambientador de lilas y madera vieja abrazó al hombre.

La habitación era mayor de lo que había imaginado. Tenía un ventanal amplio, con un geranio y un pequeño tendedero en el alféizar. Por supuesto, estaba desordenada y no muy limpia. Había una cama, una mesa con una única silla y una alacena con algunas latas de conservas. En un armario al que le faltaban las puertas se amontonaban varias prendas de ropa. Salvo dos cañas de pescar en un rincón y un carrete desmontado junto a un bote de aceite sobre la mesa, el hombre no vio más aparejos. Había una caja de manzanas arrugadas, una radio, cáscaras de avellana por el suelo, un fregadero y, junto a él, los enseres de afeitado y un frasco de colonia sin tapón, con el contenido evaporado. Encima del radiador, un par de calcetines puesto a secar.

No vio ninguna botella. Supuso que el dueño de la pensión las habría retirado.

Sobre la mesilla de noche estaban desplegados varios documentos, entre ellos los carnés de identidad y conducir de su padre —ambos caducados—, y una agenda manoseada abierta por la página donde figuraba el número de teléfono del hombre. Era así como el sacerdote lo había localizado.

La ropa de cama había desaparecido. Un colchón desnudo descansaba sobre el somier.

Debía el alquiler del mes pasado y de lo que llevamos de éste.

La voz del anciano lo sobresaltó.

Yo me haré cargo. ¿Durante cuánto tiempo vivió aquí?

Deje que piense... Creo que fueron tres años. Casi. O algo más.

Y... ¿ocurrió aquí?

¿El fallecimiento?

Asintió.

Sí, en la cama. Yo mismo lo encontré. Vine a buscarlo cuando vi que tardaba en ir a desayunar. Habitualmente estaba en pie a las siete.

¿Sabe si sufrió?

El otro se encogió de hombros.

No creo. Fue algún asunto del corazón. No sabía que tuviera problemas con eso.

Yo tampoco, reconoció el hombre.

Y tras una pausa pensativa añadió:

Ahora, si me permite, quisiera recoger sus cosas.

Sí, claro. ¿Quiere que lo deje solo?

Por favor.

Estaré en la sala por si me necesita, dijo el anciano, pero no se movió.

¿Ocurre algo?

El dinero. ¿Podríamos dejarlo solucionado ahora?

Sí, el dinero. ¿Cuánto le debía?, preguntó sacando la cartera.

El anciano dijo una cantidad, ni baja ni elevada, y él le tendió una tarjeta de crédito.

No aceptamos de eso. Sólo efectivo.

Pagó sin discutir.

¿Va a llevarse ahora sus cosas?

Sí, ahora mismo.

Sólo los efectos personales. Los muebles son de la pensión, puntualizó el anciano.

Lo tendré en cuenta.

Una vez a solas se sentó en la cama. No había llevado ninguna bolsa ni maleta para recoger las cosas de su padre. De todos modos no había nada que mereciera la pena ser salvado, pensó. Salvo las cañas de pescar todo era ropa vieja y artículos sin valor. Su padre no era como él, amigo de atesorar recuerdos personales y libros con dedicatorias o páginas especiales señaladas con trozos de papel de seda. Su padre tampoco había llevado nunca reloj ni poseído coche. Sólo tenía su lancha de pesca, que en aquel momento permanecía atracada en el puerto, urgentemente necesitada de achique.

En la calle la oscuridad se colaba a tientas entre la niebla.

Sacó el móvil y llamó a su casa. Después de una docena de timbrazos colgó y marcó un nuevo número. Su mujer respondió al instante.

¿Cómo ha ido?, preguntó ella.

Bien. Llegué tarde. Por poco me lo pierdo.

¿Dónde estás ahora?

En su pensión. Tengo que recoger algunas cosas.

Entiendo. ¿Estás bien?

Sí... Eso creo.

Suenas cansado.

Lo estoy.

Es tarde. ¿Vas a quedarte o volverás esta noche?

Lo estoy pensando.

¿Por qué no buscas un hotel?

Puede que lo haga. Primero voy a salir de aquí. De esta habitación. Después decidiré si me quedo o no. Buscaré un sitio donde cenar algo.

Me parece bien.

Si paso la noche aquí volveré a llamarte. ¿Dónde estás ahora?

En el gimnasio. En los vestuarios.

¿Vistiéndote o desnudándote?

Desnudándome.

Mejor. Disfruta de tus ejercicios.

En realidad voy a meterme en la sauna. Un baño de vapor rodeada de mujeres sudorosas. ¿Envidia?

Toda.

Se despidieron y colgaron.

Al otro lado de la ventana la niebla y la oscuridad habían formado una pasta uniforme, de leche y ceniza, entre la que una farola emitía una luz baja de forma, verdosa y extraña.

La última vez que habló con su padre fue tres semanas atrás. El teléfono sonó en mitad de la noche. En cuanto alzó el auricular la voz de su padre brotó atropellada. De nada sirvió pedirle calma. Sus palabras se apelotonaban sin espacios entre medias. El hombre apartó un poco el auricular del oído.

Llamaba para contarle algo que le había ocurrido esa tarde, mientras pescaba en el mar con su lancha. Estaba anocheciendo y recogía los aparejos para volver a puerto cuando vio algo en el agua. Los últimos rayos de sol arrancaban destellos de un cuerpo metálico que flotaba a un centenar de metros. Puso el motor en marcha y se acercó a él.

Se trataba de una cápsula esférica, de aproximadamente un metro de diámetro. Estaba fabricada con planchas finamente soldadas, de un metal azul celeste que al mirarlo de soslayo se cubría de irisaciones. A simple vista carecía de aberturas. Permanecía hundida a medias, subiendo y bajando en virtud del vaivén de las olas. Ignoraba qué podía ser. Quizás una pieza desprendida de un barco, pensó. La parte que se mantenía sobre la superficie estaba seca. El metal repelía el agua como hacen las plumas de algunas aves.

Se estiró sobre la borda para tocarlo. Estaba caliente. Se asombró aún más al notar una pulsación proveniente del interior, que se propagó por su brazo.

Pensó en llevar aquella cosa a tierra. Consideraba el modo de remolcarla cuando lo sobresaltó un silbido hidráulico proveniente de la cápsula. Una hendidura circular, hasta entonces invisible, se perfiló en la superficie metálica y con un nuevo silbido, éste más grave, una escotilla procedió a abrirse, activada quizá por el reciente contacto de su mano.

La pulsación notada antes se hizo audible.

Con el corazón batiéndole en el pecho se asomó adentro.

Vio paneles de mando en los que relucían bombillas y pequeños relojes. Y en medio de todo ello: el tripulante. Un ser con aspecto de pulpo, provisto de tentáculos verrugosos. El frío aire marino lo hizo encogerse. Sus extremidades se agitaron; dos aún enroscadas a sendas palancas de control. Un arnés lo mantenía fijado a un asiento acorde con las peculiaridades de su fisonomía. Varios electrodos se adherían a la parte gruesa del cuerpo, de donde nacían los tentáculos. Nada en él hacía pensar en INTELIGENCIA.

La versión alienígena de la perra Laika.

El padre del hombre retrocedió hasta el extremo de la lancha llevándose una mano al pecho. Un tentáculo asomó fuera de la escotilla.

Entonces una ola más fuerte que las demás alcanzó la cápsula y su interior se llenó de agua. Una segunda ola concluyó el trabajo.

Se hundió rápidamente, sin dejar rastro. Las luces de los paneles de mando brillaron por última vez mientras desaparecía en la negrura.

Me crees, ¿verdad? Yo lo vi.

El hombre dijo que sí como quien da la razón a un loco. Eran las dos de la madrugada; no era difícil adivinar lo que su padre había estado haciendo hasta esa hora. Le recomendó que se fuera a la cama y descansara. Hablarían al día siguiente.

Pero él quería asegurarse de que lo creía. Entre palabra y palabra sorbía por la nariz y se aclaraba la garganta.

El hombre volvió a decir que sí antes de colgar el teléfono.

Cuando regresó a la cama su mujer le preguntó:

¿Tu padre?

Sí.

¿Había bebido?

No se molestó en responder y ella no repitió la pregunta.

El hombre tardó en volver a dormirse. Pasó horas contemplando las formas difusas que se adivinaban en la habitación a oscuras.

Echó otro vistazo a su alrededor en busca de algo que llevarse. Un testimonio. Consideró coger la agenda de teléfonos. Pero finalmente se limitó a arrancar la hoja donde aparecían su nombre y su número de teléfono. Hizo una bola con ella y salió a la calle sin despedirse de nadie, en busca de una papelera.

Ansioso por respirar aire fresco, paseó por el pueblo. En los bares se jugaban partidas de cartas que habían empezado cuando él era niño. Al pasar por delante de uno de ellos distinguió a dos de los asistentes al entierro. Estaban apoyados en la barra. Uno lo vio y le mantuvo la mirada y él siguió adelante sin detenerse.

Se paró ante un sitio familiar. En su recuerdo allí se levantaba una vieja casa de tres pisos. En la fachada solía haber un cartel —una tabla de contrachapado pintada a brochazos e hinchada por la lluvia—: HAY HABITACIONES LIBRES.

Estaba remozada hasta el punto de ser casi irreconocible. La fachada lucía un impecable color azul cobalto, el tejado era nuevo y el pobre cartel había sido reemplazado por otro que, junto a tres brillantes estrellas, informaba de la presencia allí de un hotel.

El moderno aspecto del lugar lo hizo sentirse mejor y traspasar decidido la entrada.

En la recepción una chica leía una novela. La cerró al verlo entrar.

Buenas tardes, lo saludó.

El interior era acogedor y la temperatura agradable.

Buenas tardes. Quisiera una habitación para esta noche.

La chica se disculpó. No trabajaba allí. La dueña había salido un momento. Ella sólo era una amiga. Le estaba cuidando el negocio.

¿Sabes si tardará mucho?

Nunca está fuera más de media hora. Si quiere usted volver más tarde...

No lo sé, dijo él, de pronto dubitativo.

O puede usted esperar aquí, se apresuró a añadir la chica, como si sus anteriores palabras pudieran hacerla responsable de perder un cliente.

Está bien. ¿Puedes decirme al menos si hay alguna habitación libre?

Ella se hizo a un lado y con un gesto de corista le señaló las brillantes hileras de llaves que colgaban frente a sus respectivos casilleros.

Gracias. En ese caso iré a dar un paseo y volveré más tarde.

¿Me lo promete?

El hombre se detuvo, la mano ya en el tirador de la puerta.

¿Es necesario?

Sí, respondió ella, vehemente.

Entonces te lo prometo.

La dueña está en el parque, dijo la chica, no fiándose quizá de su promesa. Por si quiere hablar con ella.

¿En el parque?

¿Lo conoce?

Él asintió.

El parque estaba a menos de cinco minutos. También allí había habido cambios. En lugar de los viejos plátanos de sombra y el suelo de tierra, encontró una moderna zona de recreo infantil. Había columpios, toboganes, estructuras para trepar y una torre de vigilancia en miniatura. En el centro de un foso de arena se alzaba una jirafa de escayola de dos metros de alto y brillante piel esmaltada. De su cuello pendía una guirnalda de flores, como si acabara de ganar una carrera de jirafas. Entre sus patas jugaba una niña. La madre la vigilaba desde un banco. Salvo por ellas dos, el parque estaba desierto.

El hombre se acercó a la madre.

Hola, Mamen, dijo, teniendo cuidado de no bloquear la línea de visión entre ella y la niña.

La mujer sonrió, sorprendida, y se puso en pie.

Intentó decir algo pero se le atascaron las palabras. Tragó saliva, sonrió de nuevo y preguntó:

¿Cómo estás?

Él se encogió de hombros.

Bien. Estoy bien.

Hubo un silencio durante el que se miraron uno al otro.

Siento mucho lo de tu padre.

Gracias.

Me extrañaba que no vinieras. No te vi en la iglesia.

Llegué tarde. Fui directamente al cementerio.

¡Ah! Yo no. Los cementerios... Ya sabes.

No importa.

Y añadió:

Me alegro de verte.

Y yo a ti.

Se sentaron en el banco.

Vengo de tu casa, que por lo visto ahora es tu hotel.

Mi boyante negocio.

Ha cambiado mucho. Por poco paso de largo sin reconocerlo.

Mi trabajo me ha costado. ¿Vas a quedarte?

Sólo esta noche.

Serás mi huésped.

Eso me temo.

Lo dices como si te disgustara la idea. Te advierto que es el mejor hotel del pueblo.

Contigo al frente estoy seguro de ello. ¿Podré tener la que era tu antigua habitación?

Ella se rio.

Después de la remodelación se convirtió en cuarto de limpieza. Pero si te empeñas puedo llevarte allí una cama plegable.

Entiendo, dijo él uniéndose a su risa. Aceptaré lo que me ofrezcas.

La pequeña explosión de buen humor llamó la atención de la niña, que al erguirse reveló su considerable estatura. Con una mano posada sobre el lomo de la jirafa los observó fijamente.

¿Conoces a mi hija?, preguntó Mamen.

No.

Ahora la niña lo miraba a él, al extraño que se reía con su madre.

¡Rosa! Ven, corazón, la llamó Mamen. Ven a decir hola a un amigo.

La niña se aproximó con recelo.

Tienes que decirle hola sonriendo, le pidió su madre.

Hola, dijo ella, con una vocalización oscura, parte, junto con los ojos rasgados y las facciones redondeadas, de los efectos del Síndrome de Down.

Hola, cariño, ¿cómo estás?

Desde que el hombre había dejado el pueblo, Mamen y él sólo se habían visto en un par de ocasiones. Aparte de eso las noticias sobre ella le habían llegado de tercera o cuarta mano. Supo que también se había ido de allí y que había empezado a trabajar en una guardería, así como que se casó con un ingeniero empleado en una central nuclear. Más tarde supo del nacimiento de su hija, y quien se lo comunicó empleó un tono nada jubiloso.

Por último tuvo conocimiento —esta vez a través de la televisión— de la muerte del marido.

Una noche sonó su busca. Había una emergencia en la central nuclear. Salió de casa diciéndole a Mamen que no se preocupara, que no sería nada importante.

Caía una fuerte helada. En la autopista su Mercedes patinó sobre una placa de hielo y salió despedido hacia un talud de hormigón. Los bomberos necesitaron más de una hora para sacarlo de entre el amasijo de hierros en que quedó convertido el vehículo, tiempo suficiente para que un equipo de televisión que regresaba de cubrir el inicio de la temporada de esquí grabara unos planos del siniestro. El hombre recordaba las imágenes: el coche con la mitad delantera aplastada y los bomberos que, empleando una cizalla, trataban de abrir una salida por un lateral. En el interior los restos del airbag brillaban bajo el foco de la cámara. El cuerpo del ingeniero resultaba apenas distinguible. Un sanitario había roto la luna trasera para colarse dentro, inmovilizarle la cabeza y suministrarle oxígeno.

El marido de Mamen falleció antes de que pudieran liberarlo.

La compañía eléctrica propietaria de la central lo consideró accidente laboral *in itinere* y desembolsó una cuantiosa indemnización. En el informe que más tarde se publicó sobre el incidente de aquella noche figuró como causa de la alarma: «Disparo espurio de reactor por fluctuación de tensión».

Nada importante. Como él había adivinado.

Poco después Mamen dejó su trabajo y regresó al pueblo. Con el dinero de la indemnización reformó la casa donde había crecido y abrió el hotel.

Suelo traerla al parque a esta hora, cuando no hay nadie, explicó ella por el camino. Debería tratarse más con otros niños, pero no es fácil. En este aspecto creo que lo estoy haciendo mal.

La niña caminaba por delante de ellos. Llevaba en la mano un puñado de arena del parque y cada docena de pasos dejaba caer un poco, como un personaje de cuento que trazara un rastro para encontrar el camino de vuelta.

Tenemos que empezar a ir más temprano, ¿verdad, Rosa?

Bueno, dijo la niña sin mirar atrás. Soltó la arena que le quedaba y se frotó la mano en el abrigo.

Cuando mejore el tiempo, añadió Mamen.

Luego se volvió hacia él.

¿Has cenado?

No.

Entonces lo harás con nosotras.

Tras una pausa añadió:

También vendrá Ángel.

Luego vaciló antes de preguntar:

¿Te acuerdas de él?

El hombre sonrió.

Por supuesto.

Aunque aún no habían llegado ya sentían el calor del hotel.

¿Has traído equipaje?

Sólo un neceser. Está en el coche.

¿Vas ahora por él?

No. Más tarde.

Mamen agradeció su ayuda a la chica de la recepción.

De nada. También te he vigilado la cena, respondió ella. Miraba al hombre satisfecha y un tanto admirada de que hubiera vuelto.

¿Irás esta noche al concierto?, le preguntó Mamen.

Sí, allí estaré, dijo y tras abrigarse con una gruesa pelliza y un gorro de lana se despidió de todos y salió a la calle.

Dejaron las luces encendidas pero cerraron la puerta. Si llegaba otro huésped llamaría al timbre. La vivienda estaba en la planta baja. Se accedía a ella por la recepción del hotel.

¿No tienes miedo de que alguien se largue a la francesa?
No. Esta noche eres mi único huésped.
Mamen lo invitó a pasar a un pequeño salón. En un rincón, un abeto artificial, todavía desnudo. El contenido de varias cajas de adornos navideños estaba desperdigado por el suelo
Es por la niña, le encanta adornarlo, explicó Mamen.
El hombre vio una estantería ocupada por libros de pedagogía y logopedia. Sobre una mesa auxiliar había varios artículos recortados de revistas médicas: «Últimos avances en Síndrome de Down, Síndrome de West y Trisomía 21», «Desarrollo cognitivo e interacción», «El afecto: un factor estimulador del aprendizaje».
Mamen fue a la cocina.
¿Te ayudo?, se ofreció él.
No, gracias. Ya está casi todo listo. Rosa, ¿por qué no le enseñas tus dibujos?
La niña obedeció gustosa. Corrió a su habitación, de donde volvió poco después con una carpeta que tendió al visitante. El hombre se acomodó en un sillón. Cuando abrió la carpeta se encontró frente a un dibujo que lo dejó desconcertado: círculos de colores, unos agrupados en el centro de la hoja y otros dispuestos alrededor, como si de satélites se trataran. La niña le arrebató el dibujo y le dio la vuelta. En la otra cara del papel figuraba escrito: «Carbono, Número Atómico: 6».
Un átomo de carbono, con los protones y neutrones en el núcleo —rojos los primeros, azules los segundos— y los electrones girando a su alrededor, en diferentes órbitas.
El hombre fue pasando el resto de dibujos: flúor, sodio, aluminio... El tamaño de los círculos de colores disminuía progresivamente, al mismo tiempo que crecían su cantidad y el número atómico de los elementos químicos.
Su padre le enseñó a hacerlo, aclaró Mamen asomándose a la puerta de la cocina. Dibujaban juntos.
El hombre estaba impresionado.
¿Y ahora sigue ella?

Yo la ayudo. No es complicado si se tiene una tabla periódica. Dice que quiere dibujar todos los elementos, declaró Mamen sin ocultar su orgullo. ¿Verdad, cariño?

A modo de respuesta, la niña tomó una hoja del fondo de la carpeta y se la mostró al hombre. Los círculos de colores no eran ya más que meros puntos, tan elevado era su número. De haberlos contado, el hombre habría hallado treinta y un electrones y otros tantos protones, a los que aún había que sumar los neutrones.

Galio, lo informó la niña.

Mientras contemplaba la nube de partículas subatómicas, el hombre no pudo reprimir un estremecimiento. Imaginó al padre de la niña en la noche de su muerte, durante los instantes previos al accidente, interrogándose por la naturaleza de la alarma en la central nuclear, mientras ella, en su habitación, cuando hacía horas que debería haber estado dormida, dibujaba átomos y átomos y átomos y átomos…

Si quieres echarme una mano, dijo Mamen, puedes poner la mesa. Cubiertos para cuatro. Está todo en el aparador que hay a tu espalda.

Colocaba los platos cuando sonó el timbre de la puerta. Rosa fue corriendo a abrir y al instante se oyeron unos aullidos de placer. Alguien la alzaba en el aire y la hacía volar entre las lámparas.

Ángel se quedó paralizado con la niña en brazos al ver al hombre. Llevaba el uniforme azul marino del cuerpo de bomberos. Lucía un aspecto veraniego, bronceado, con el pelo rubio muy corto. Dejó en el suelo a Rosa y se acercó a él.

¿Cómo estás?, preguntó estrechando con fuerza la mano del hombre.

Muy bien. Me alegro de verte.

Y yo a ti.

Ángel le dio el pésame por la muerte de su padre y cambió rápidamente de tema para reiterar lo mucho que se alegraba de volver a verlo.

¿Cuánto hace? ¿Tres años? ¿Cuatro?

Más o menos.

Casi nunca vienes por aquí.

Es cierto, tuvo que reconocer.

Mamen los observaba sonriente. Ángel fue a saludarla, la abrazó y le dio un beso. El hombre supo que si él no hubiera estado presente, tanto el abrazo como el beso habrían sido más prolongados.

¡Hmmm! ¡Eso huele bien!, exclamó Ángel, sin especificar si se refería a la cena o al cuello de Mamen.

Pronto estará listo. ¿Por qué no os sentáis y habláis?

Buena idea, reconoció Ángel. Pero antes disculpadme un momento.

Fue al cuarto de baño y el salón quedó en silencio. Entonces Mamen, como si la muestra de afecto de la que había sido objeto no hubiera sido suficiente, se acercó al hombre y lo estrechó entre sus brazos.

¿Estás bien?, preguntó.

Sí, lo estoy, respondió él devolviéndole el abrazo.

¿De veras?

Él asintió.

Mamen lo mantuvo abrazado por unos instantes.

La niña no pareció dar importancia al gesto. Se entretenía seleccionando los adornos para el árbol de Navidad.

Mamen dejó en la mesa unos aperitivos y una botella de vino y volvió a la cocina.

¿Qué puedo hacer con la lancha de mi padre?, preguntó el hombre a Ángel cuando éste regresó.

¿Piensas venderla?

¿Qué otra opción tengo? No la quiero para nada.

No será fácil encontrar comprador. No está cuidada. Tu padre no se preocupó de lijarla ni pintarla en los últimos años. ¿Sabes si conservaba los aparejos?

Supongo que sí. Tenía un tinglado en el puerto.

Ángel tomó un sorbo de vino.

Dependiendo del estado del motor se podrá sacar algo de dinero o no, dijo. Lo revisaré y veré si doy con alguien a quien le interese.

No quise decir que te ocuparas tú del asunto.

Olvídalo, lo atajó Ángel. No es trabajo. Además, ¿qué vas a hacer? ¿Quedarte aquí hasta que consigas venderla?

Tuvo que darle la razón.

No hace falta que regatees. Cualquier cantidad que te ofrezcan servirá.

El hombre dijo esto mientras miraba a la niña, que de entre los adornos de Navidad había escogido las bolas rojas y las azules: protones y neutrones.

El tema del marido de Mamen parecía un trámite obligado. Se esforzó por recordar lo poco que sabía de él, pero nada le pareció lo bastante importante o interesante para mencionarlo.

Fue Ángel quien preguntó:

¿Qué tal has encontrado a Mamen?

Muy bien. Parece que se ha adaptado al pueblo.

Es de aquí.

Ya sabes a lo que me refiero. Después de pasar un tiempo fuera... Yo no podría volver.

Ya, musitó Ángel, como si nunca hubiera pensado en ello. Es estupendo tenerla con nosotros. Lo ha superado muy bien.

Mamen lo interrumpió al colocar una ensaladera en la mesa.

No os he dejado a solas para que habléis de mí. Por supuesto que lo he superado. En la medida de lo posible, matizó. Sólo soy de lágrima fácil cuando me río. ¿Tenéis hambre?

Los dos asintieron.

Durante la cena, el radiotransmisor de Ángel permaneció a su lado sobre la mesa. Emitía un murmullo indescifrable, puntuado por chasquidos y pitidos, al que el bombero no aparentaba prestar atención.

¿Y bien?, preguntó llegado el postre. ¿Cuál es el plan para esta noche? ¿Vamos a ir al concierto?

¡Concierto!, coreó la niña golpeando la mesa con los puños.

El hombre los miró sin comprender.

Un concierto de Navidad, aclaró Mamen. Música de cámara.

¡Concierto!, repitió la niña.

Parece que Rosa quiere ir, dijo Ángel. ¿Quieres escuchar música, cariño?

Ella asintió.

¿Dónde se celebra?, preguntó el hombre.

La oscuridad y la niebla no le permitieron apreciar el exterior de la iglesia, pero el interior seguía tal como lo recordaba. Contempló las pinturas y las imágenes esculpidas, reconociendo cada detalle a pesar del tiempo transcurrido y que en ese intervalo no había pensado en ellas ni un instante. Todas las luces estaban encendidas. En un lateral del templo habían colocado un nacimiento de cerámica. Las figuras tenían más de un siglo y eran una de las posesiones más preciadas de la parroquia. Una oreja de la mula estaba desportillada.

Una mujer con collar de perlas y abrigo de piel les hizo entrega del programa, compuesto por piezas de Haydn y Bartók.

Tomaron asiento en uno de los bancos centrales. El contacto de la madera contra la espalda del hombre hizo estallar flashes en su memoria táctil.

Reinaba un murmullo agradable. Muchos asistentes se habían vestido de domingo. Frente al altar aguardaban cuatro sillas tapizadas en azul zafiro, ante sus respectivos atriles con partituras. Sin que nadie le prestara atención, un sigiloso sacristán vació el sagrario y sopló la vela que brillaba al lado. El sacerdote, principal promotor de la velada musical, iba de un lado a otro sonriendo a todos y estrechando manos.

Faltaba poco para que comenzara el concierto. El lugar se llenaba rápidamente. Varias personas se acercaron para saludar a Mamen. Algunas miraban al hombre dubitativas, sin llegar a ubicar su rostro, entonces ella les aclaraba de quién se trataba y podían saludarse adecuadamente.

Se apreciaba tensión en el ambiente. Todos notaban la necesidad apremiante de que empezara la música.

El hombre se sentía cada vez más reconfortado. Rodeado por aquella gente, antiguos vecinos y conocidos, le pareció que todo lo ocurrido durante el día hallaba un cierre apropiado.

La puerta de la sacristía se abrió y aparecieron los músicos. Tres hombres ataviados con trajes oscuros y una mujer con un vestido rosa pálido: dos violines, una viola y un violonchelo. Se oyó algún carraspeo y después silencio. Los intérpretes tomaron asiento y abrieron las partituras. Uno de los violinistas hizo una seña a los demás y, sin más preámbulos, comenzó el concierto.

El sonido de los instrumentos llenó la nave de la iglesia.

Con las primeras notas el hombre recordó que no había llamado a su mujer para decirle que no regresaría esa noche. La imaginó en camisón, leyendo en la cama, esperando noticias de él, y se prometió llamarla en el descanso.

En el extremo del banco Ángel permanecía con la vista extraviada en el vacío. Había apagado su transmisor. A su lado, la niña columpiaba las piernas siguiendo la melodía. Mamen estaba junto al hombre. Cuando finalizó la primera pieza se inclinó hacia él.

¿Estás bien?, preguntó al igual que había hecho en el hotel, ahora mediante un susurro.

Sí, lo estoy, dijo él, repitiendo a su vez la respuesta.

Me alegro de volver a verte, añadió ella, y le acarició el dorso de la mano. Nadie los miraba.

La música volvía a sonar.

El hombre contempló el templo inundado de luz y sonidos festivos y, sin que pudiera evitarlo, su mente derivó hacia su padre. Le parecía imposible que allí, ese mismo día, se hubiera celebrado su funeral. A modo de despedida, dedicó unos momentos a pensar en él, en su carácter terco y desagradable, en su ignorante falta de imaginación y, por tanto, en lo poco probable de que hubiera inventado la historia del alienígena.

Un anexo al Génesis

El séptimo día, cuando todos creían que descansaba, hizo repaso de Sus errores. Su mirada se desplazó a Occidente. Allí había creado una isla en el centro de la inmensidad marina. A esa porción de tierra la rodeaba un anillo de agua no poco generoso y a éste, a su vez, lo rodeaba un nuevo anillo, tan lejano que desde las orillas de la isla sólo era visible como un fino trazo oscuro que recorría el horizonte. Formaban este segundo anillo paredes verticales de roca que ascendían hasta las primeras nubes; roca nueva, desconocedora de fósiles y erosión, resbaladiza y sin asidero alguno, imposible de escalar para los moradores de la isla.

En el anillo acuático había permitido Él vivir a los errores cometidos durante la creación de las criaturas marinas, y en la isla, a los cometidos durante la creación de las terrestres, así como durante la creación del primer hombre y de la primera mujer.

Eran estas últimas criaturas las que provocaban Su mayor fascinación, pues habían surgido en el proceso de engendrar seres a Su imagen y semejanza.

Las criaturas se alimentaban de lo que encontraban en la isla, formada ésta por ciclópeos bloques de roca negra entre los que brotaban unos escasos árboles de tronco retorcido y fruto amargo. Su alimento principal lo constituían seres destinados a poblar los cielos, que Él había condenado a morar en la isla por no considerarlos aptos, por lo que les había atrofiado las alas. Y las criaturas se alimentaban también de sus semejantes; de los más lentos y débiles, de los que carecían de piernas y se desplazaban arrastrando el vientre sobre la áspera roca, de los que tenían ojos inútiles, de los que en lugar de brazos poseían extremidades semejantes a aletas, de los débiles de mente, de los desdentados, de los ingenuos. Mucho antes de que lejos de allí, en Oriente, naciera un hijo del primer hombre y de la primera mujer, y después otro hijo, y que estos dos descendientes fueran protagonistas del llamado primer crimen, en la isla eran hechos cotidianos el asesinato, la mutilación en vida y el canibalismo.

Un orden de líderes y súbditos, de cazadores y presas, surgió de modo natural. Por las escarpadas laderas de roca trepaban seres con torso humano y cuatro piernas, más ágiles que cualquier otro habitante de la isla. En los puntos altos se emplazaban vigilantes encargados de señalar cuanto mereciera ser visto; vigías poseedores de una cabeza sembrada de ojos y un índice leñoso que triplicaba en longitud a sus demás dedos. Por las noches, unos insomnes perpetuos, escuálidos y voraces, merodeaban alimentándose de los durmientes.

Él observaba todo esto con interés incansable, desentendido de cuanto sucedía en el Edén creado para goce del primer hombre y la primera mujer, pues allí los creía a salvo.

Con mezcla de enojo y orgullo, presenciaba cómo las criaturas de la isla, sin que Él hubiera pronunciado palabra al respecto, se entregaban a las empresas de crecer y multiplicarse. Las criaturas copulaban sin vergüenza ante la mirada de los demás. Se penetraban unas a otras formando monstruosas masas de cuerpos de las que rezumaba una humedad viscosa y jaspeada de sangre. Su avidez no se limitaba a sus semejantes. Cuando un macho descubría una criatura marina arrojada a la costa por las olas, muerta por su imperfecto sistema respiratorio o la voracidad de sus congéneres, buscaba una piedra afilada, abría con ella una entrada en el cuerpo del cadáver y allí mismo lo penetraba. A continuación le arrancaba un trozo de carne que devoraba mientras contemplaba las lejanas paredes de roca, con el órgano sexual aún goteante y manchado de sangre.

Las hembras eran tan numerosas como los machos, pues de la costilla del primer hombre Él no logró la adecuada compañera al primer intento, sino que Sus errores fueron de nuevo incontables. Los alumbramientos en la isla eran continuos y motivo siempre de atención, señalados por los centinelas de multitud de ojos. Las hembras parían en el centro de un tembloroso círculo de criaturas a las que mantenían alejadas mediante gruñidos y mordiscos. En cuanto brotaba el fruto de su primitivo vientre, las hembras lo tomaban en brazos y se alejaban renqueando a un rincón solitario mientras las criaturas congregadas se disputaban la placenta. Una vez a salvo, la madre lamía a su cría, tan deforme y repulsiva como ella, y le dedicaba unos ronroneos adormecedores posando sus labios en la fontanela. Durante un tiempo se dirigiría al recién nacido de ese único modo. Más tarde lo haría mediante gruñidos, aullidos y gritos, como todos los moradores de la isla hacían entre sí, pues allí, a diferencia de lo ocurrido en el Edén, nadie les había otorgado nombres.

Él admiraba las cabalgadas de las criaturas cuadrúpedas, armadas con mazas de madera, alzando nubes de polvo negro, cuando perseguían a sus presas; y el modo como los siempre atentos centinelas cerraban cíclicamente una porción de sus múltiples ojos mientras permanecían vigilantes con el resto, para así evitar el brillo directo del sol durante el peregrinar del astro por el cielo; y a los peces transparentes que poblaban los abismos del anillo acuático; y a los inmensos seres, también acuáticos, de color mutable y enormes ojos, que con sus tentáculos palpaban la base de las paredes de roca buscando una salida de su prisión.

Y mientras tanto, lejos de allí, en el Edén, una serpiente tentaba a la primera mujer para que comiera del árbol de la ciencia del bien y del mal, y ella comía y a continuación tentaba a su vez al primer hombre, que comía también.

Cuando Él visitó el Edén tiempo después encontró a los dos ocultos tras unos arbustos. Les ordenó mostrarse y vio entonces que se habían cubierto con ridículas hojas de higuera, y supo que habían violado Su mandato y se enfureció con ellos. Pero consciente de que la culpa era Suya por haber desatendido a aquellas dos criaturas blandas y sin experiencia, no cumplió de forma inmediata Su amenaza de condenarlos a muerte si comían del árbol, sino que al primer hombre le dijo que con el sudor de su frente obtendría el pan hasta que volviera a la tierra, pues de ella fue tomado, ya que polvo era y en polvo se habría de convertir, y a la primera mujer le dijo que el dolor de sus preñeces se multiplicaría y que con gran agonía habría de parir a sus hijos, y a continuación les arrojó sendas túnicas de piel y los expulsó del Edén, a cuyas puertas emplazó la espada flameante.

Seguidamente, empujado por el remordimiento, volvió Su mirada hacia la isla y decidió destruirla. Hizo llover del cielo fuego y azufre y hervir las aguas del anillo acuático, lo que causó horrible muerte a criaturas terrestres y marinas. Una columna de vapor ascendió ocultando el sol y el olor a carne quemada flotó hasta Oriente, donde provocó que seres racionales e irracionales se encogieran de congoja. A continuación procedió a derribar las murallas de roca, permitiendo que el fiero mar exterior cubriera la isla en forma de ola colosal y oscura.

Y entonces Él se detuvo, jadeante, asombrado por Su furia y el ensañamiento con que había destruido lo que, poco antes, tan grande esfuerzo le había costado crear, y puso fin al cataclismo al hacer que el mar regresara a la calma.

De la isla sólo quedaban unos troncos calcinados que flotaban sobre las aguas. Pero pronto vio Él que la destrucción no había sido completa. Uno a uno fueron llegando a la superficie los supervivientes, criaturas que habían buscado refugio en las más hondas cavernas de la isla. Eran apenas un puñado y sufrían horrendas quemaduras y mutilaciones. Nadaron hasta los troncos y se aferraron a ellos. Olfatearon el aire y observaron el horizonte a su alrededor, encontrándolo libre de barreras que los encerraran. Se llamaron entre sí con roncos gritos. Se lamieron las heridas. Se hicieron con los restos cocidos de criaturas marinas que flotaban en la superficie y los devoraron para recobrar fuerzas, triturando entre sus dientes escamas y espinas.

Él observo sorprendido a estos supervivientes, sin saber qué hacer con ellos, hasta que en Sus indescriptibles labios apareció una sonrisa, y suspiró, y Su suspiro creó un viento que onduló las aguas y empujó a las criaturas en todas direcciones.

Prueba de amor

Bastaba con que uno de los presentes no hubiera oído la historia para que mi madre la contara de nuevo. Sucedía cuando venían visitas y en las reuniones familiares.

Yo podría contaros una historia. Una historia sobre una vela, decía ella, y esperaba a que se hiciera el silencio para comenzar a hablar.

Ocurrió en el verano de su segundo año de casada, cuando mi padre y ella fueron de vacaciones a Córcega. Un conocido les había prestado una casa en la costa. El primer día de su estancia el cielo amaneció cubierto de nubes. Corría un viento desapacible y una resaca poco habitual en el Mediterráneo roía la playa de guijarros visible desde el dormitorio. Lejos de desanimarse, mi madre corrió a darse un baño. Entró en el agua dando saltitos. Mi padre se acomodó en una tumbona en la orilla acompañado de un libro.

Ella jugó con las olas recibiéndolas de frente. Al retirarse, el agua socavaba el suelo bajo sus pies y la dejaba clavada hasta los tobillos. El ronroneo de los guijarros le trepaba por las piernas y se alojaba en la base de su espalda, como si allí escondida tuviera una cámara de resonancia. Disfrutó de las embestidas del oleaje hasta que una ola más violenta que las anteriores impactó contra ella, haciéndole perder el equilibrio y revolcándola por el fondo. Cuando volvió a la superficie notó escozor en un hombro y una rodilla, rozados contra el lecho de guijarros. Pero no fue eso lo que la alarmó. Con la punta de la lengua se tanteó los dientes. Descubrió un hueco entre ellos.

Llevaba una funda en un incisivo de la línea superior. Se había roto la pieza, casi de raíz, a los quince años, en una caída de bicicleta. La fuerza de la ola le había arrancado la funda.

Volvió a la orilla maldiciendo su suerte. Allí dedicó a mi padre una sonrisa de chiste. Un espacio vacío y negro imposible de ignorar. Él contempló su afeada nueva apariencia antes de preguntar qué había pasado. Ignoraba la existencia de la funda.

No conocían a nadie en Córcega que pudiera recomendarles un buen dentista y mi madre no se fiaba de los profesionales de la isla. Prefería esperar hasta que volvieran a casa. Pero no se sentía cómoda con aquel nada atractivo hueco en su sonrisa. De pronto había perdido la ilusión por las vacaciones. Mi padre intentó consolarla. Dijo que habría algo que pudieran hacer. Seguro que sí.

En la casa había una vela de gran tamaño, similar a un cirio pascual. Ocupaba un rincón del salón, sobre una peana de hierro forjado. Tenía el color del marfil nuevo.

A la mañana siguiente mi padre se levantó temprano, dejando a mi madre dormida en la cama. Fue al salón y con un cuchillo cortó a la vela una porción de cera del tamaño de una avellana. Luego se acomodó en una mesa bien iluminada y sin más ayuda que sus dedos y el cuchillo procedió a modelar un diente. El primer intento no le dejó satisfecho, así que siguió trabajando. Cuando consideró que la cera estaba demasiado manoseada cortó otro trozo. Para cuando mi madre se levantó, mi padre ya había terminado un diente aceptable.

Abre la boca, le dijo y presentó el falso diente ante el hueco para comprobar las dimensiones.

¿Pretendes que me ponga eso en la boca?

Servirá por el momento, respondió mi padre, concentrado en efectuar unos ajustes a su obra.

Cuando lo consideró terminado, depositó el diente sobre una servilleta y lo metió en la nevera para que se endureciera. Después de desayunar, mi madre, desconfiando todavía, se sentó en una silla con la boca bien abierta y él se dispuso a colocarle el diente. Contaba con un hueco en su base para encajar en lo que quedaba del incisivo original, así como con sendas entalladuras laterales para hacerlo también en las piezas de los costados.

Mi padre retrocedió un paso y estudió el resultado. El color de la cera apenas difería del de los dientes auténticos.

Mírate en el espejo.

Ella se contempló de frente y girando la cabeza a los lados.

No está mal, reconoció.

No te lo toquetees, aconsejó mi padre. ¿Se mueve?

Ella dijo que no con la cabeza sin dejar de contemplarse.

Mi padre volvió por el cuchillo y cortó otros tres trozos de cera a la vela.

No va a durarte todo el día, dijo. Se ablandará. Y por supuesto no puedes comer con él. Necesitarás recambios.

Ahora que disponía de un modelo trabajó más rápido. Esculpió tres dientes más, que tras su paso por la nevera depositó en un pastillero que le entregó a ella.

Y ahora, ¿qué tal si vamos a dar un paseo?

Mi madre, feliz con su sonrisa restaurada, asintió. Después besó a mi padre, sintiendo en el interior de los labios el fresco contacto de la cera.

He visto fotos de aquellas vacaciones. Las he estudiado con una lupa. Mi madre sonríe en ellas. No se nota nada. Los dientes de cera salvaron aquel verano, aseguraba ella.

Cada mañana mi padre saltaba de la cama con la primera luz y trabajaba encorvado sobre la cera, con las gafas resbalándole hasta la punta de la nariz, enfrascado en su trabajo, probando herramientas que le sirvieran de ayuda, esforzándose por hacer los dientes cada vez mejor y lamentando la escasez de detalles que reproducir. Luego ella abría la nevera para coger la leche del desayuno y encontraba cuatro dientes descansando sobre una inmaculada servilleta de hilo, como si fueran reliquias.

Cuando llegó el momento de volver a casa, mi madre quiso llevarse lo que quedaba de la vela. Dijo que nadie la echaría en falta. Dijo que representaba mucho para ella.

Mi padre respondió que no era para tanto y que no veía sentido a cargar con la vela. Mi madre se ofendió y, sin molestarse en tratar de convencerlo, envolvió la vela en papel parafinado y varias toallas y la metió en su maleta.

De regreso en casa, la colocó en un rincón del comedor y después fue al dentista para que le pusiera una funda nueva.

La historia solía concluir aquí. A continuación, los oyentes que la escuchaban por primera vez se deshacían en comentarios apreciativos hacia mi padre. Alababan su actitud durante aquellas vacaciones, actitud que todos interpretaban como una indudable prueba de amor. Mi madre asentía en silencio. Luego, mientras a su alrededor rebrotaban las conversaciones, se hundía en un ensimismamiento atribuible al recuerdo del marido ausente.

Lo normal era que la carcomida vela del rincón despertara la curiosidad de las visitas. Fue así como mi madre empezó a contar la historia de los dientes de cera y el esmero de mi padre; mientras que él se limitaba a guardar silencio o quitarse importancia.

Pero lo que ni las visitas ni la mayoría de la familia sabían era lo poco que a mi padre le gustaba aquella historia. Con el tiempo, la insistencia de mi madre y los halagadores comentarios de los oyentes le molestaron cada vez más. Un día no pudo continuar soportándolo. Exigió a mi madre que no volviera a contar la historia. Siguió una discusión que fue aumentando de tono y llegó a su cumbre cuando mi padre gritó que la vela no era símbolo de nada. De nada, repitió. Sólo había sido una forma de entretenimiento durante aquellas vacaciones. Había modelado el primer diente para ayudar a mi madre, pero luego había seguido haciéndolo cada mañana por la sencilla razón de que disfrutaba con el reto de modelar la cera cada vez mejor. Eso era todo.

Mi madre lo miró boquiabierta. Con lágrimas en los ojos guardó la vela en el fondo de un armario.

A partir de entonces sus discusiones fueron cada vez más frecuentes.

Cuando mi padre ya no estuvo con nosotros, mi madre retomó la costumbre de contar su historia. Y no sólo eso. Empezó a revisarla y hacerla más extensa. Le incorporó detalles e imágenes. Fue entonces cuando añadió lo del ronroneo de los guijarros y la cámara de resonancia en la base de su espalda, y también la meticulosa descripción de mi padre fabricando los dientes, cosa que ella no había visto porque a aquellas horas de la mañana siempre estaba dormida. Añadió muchas cosas más. Añadió que «Al final de las vacaciones la vela parecía atacada por castores» y que «El hueco entre sus dientes era una tronera y su sonrisa, la de una bruja de cuento». Detalles y adornos, reales o ficticios, que habrían enfurecido a mi padre si hubiera estado presente, y que ella disfrutaba visiblemente mientras los recitaba con la vista clavada en el vacío. Casi tanto como disfrutaba seleccionándolos y retocándolos para hacer su historia cada vez mejor.

Horror a bordo del *Boris Butoma*

Desde la ventanilla del tren Anna Ivanovna Pretrova sólo veía una llanura nevada. Las únicas alteraciones en el monótono panorama eran las torres de alta tensión y las estacas rojas que asomaban entre la nieve y señalaban las lindes de las propiedades. Sobre todo ello, una techumbre gris de nubes. El límite de los árboles había quedado atrás. Hacía demasiado frío para los árboles. Anna pensaba, sin embargo, que tal ausencia se debía en realidad a lo que moraba en el destino al que se dirigía, algo que con el tiempo lograba corromper árboles y cualquier otra forma de vida. Ni siquiera se podía consolar soñando con la aún lejana primavera. Entonces, cuando la nieve se derritiera, en los espacios despejados no asomarían los brotes nuevos de la tundra, sino que sólo vería la luz una tierra negra y pútrida. Así pensaba que sucedería.

Un revisor recorrió el vagón anunciando que acababan de sobrepasar el Círculo Polar Ártico. Sonreía al decirlo. Algunos pasajeros aplaudieron.

Anna no necesitó que le dijeran que estaban llegando a Múrmansk. Un banco de niebla ocultó el triste paisaje. Después comenzaron a vislumbrarse las siluetas de los inmensos tanques de combustible, de los almacenes y de las fábricas.

La corriente del Golfo discurría ante la península de Kola a la altura de Múrmansk y evitaba que el mar se congelara incluso en lo más crudo del invierno, circunstancia que había convertido el lugar en el mayor puerto del norte de Rusia y, posteriormente, en cuartel de la Armada de Guerra Soviética. El precio a pagar por la ausencia de hielo era una niebla permanente, fruto del contraste entre la temperatura del mar y de la atmósfera. Pero Anna tampoco daba crédito a esa explicación.

Caído el comunismo, el dinero para las soldadas y el mantenimiento de los barcos había empezado a escasear. Múrmansk dejó atrás el esplendor vivido durante la Guerra Fría y se sumió en un declive que rebajó el puerto a la categoría de cementerio naval. La desembocadura del río Kola se hallaba erizada de muelles y diques donde se desmantelaban, cuando no se dejaba que simplemente se pudrieran, naves tanto civiles como de guerra, incluidos los siempre temidos submarinos nucleares.

Su hermana la esperaba en el andén de la estación. A Anna le costó reconocerla. Ella sólo era una niña cuando Sofía se casó y se fue de Moscú. Le sorprendió lo envejecida que estaba. Sofía llevaba un anorak con los colores de la bandera nacional, remendado con cinta aislante. Le quedaba demasiado grande; las mangas le tapaban las manos. Las dos hermanas se miraron sin abrazarse.

¿Es tu equipaje?, preguntó Sofía.

Anna asintió. Sostenía una maleta en cada mano.

Te dije que un solo bulto. En casa no tenemos mucho sitio.

Seguro que nos las apañaremos.

Sofía la miró fijamente. Luego dijo:

Ya veremos.

Cogió una de las maletas, hizo una seña a Anna para que la siguiera y echó a caminar hacia el coche.

A mitad de camino se detuvo para decir:
Siento lo de tu marido.
Ya. Gracias.
Y siguieron caminando.

El edificio donde vivía Sofía parecía un bloque de nichos: un rectángulo tendido sobre el costado más largo, entre marrón y gris, con hileras de ventanas cuadradas. Alexei, el marido, estaba sentado a la mesa del salón. Los gemelos, uno a cada lado, observaban lo que hacía. Alexei aplicaba un soldador a un circuito electrónico. Cuando las dos mujeres entraron ninguno se levantó. Miraron de arriba a abajo a Anna.

Ésta es vuestra tía, dijo Sofía.

Alexei asintió. Los chicos ni siquiera eso. Tenían dieciocho años. A Anna le parecieron indistinguibles. Ambos, y también el padre, eran de rasgos alobunados.

Te enseñaré la casa, dijo Sofía.

Alexei y los chicos volvieron a lo suyo.

La casa tenía una habitación, que ocupaban los padres; un salón, donde había unas literas para los chicos; una cocina y un baño. La mayor parte de éste se hallaba ocupada por una bañera que no era la original de la estancia; era enorme, reposaba en el suelo como un gran cascarón esmaltado.

Alexei la trajo de los barcos, explicó Sofía.

También había conseguido en los barcos el calentador de agua, el armario del dormitorio y el óleo cuarteado que adornaba el salón. Anna descubriría más adelante otras cosas, como sábanas y toallas con el nombre de las naves de las que procedían bordado en ellas.

De momento dormirás en la cocina.

¿En el suelo?

Claro, en el suelo.

¿De momento?

Eso es.

Sofía guardó silencio, en guardia por si su hermana replicaba. Como no lo hizo, añadió:

Deja tus cosas donde no molesten demasiado.

Del salón llegaron exclamaciones de alegría. Alexei y los chicos se daban palmadas en la espalda. Cuando Sofía preguntó qué pasaba, su marido levantó el circuito electrónico, al que había conectado un pequeño altavoz y algo que parecía un tubo negro de un palmo de largo, y dijo:

¡Mira, Sofía! ¡Está cantando! ¡Canta!

Del altavoz surgía un tenue crujido.

Muy bien, dijo Sofía, en absoluto impresionada. ¿Podemos cenar ya?

El responsable de que la casa de Sofía y Alexei, así como varias más en Múrmansk, estuvieran repletas de objetos procedentes de barcos era el mayor Vitaliy Nóvikov, oficial al mando de la cercana base naval de Severomorsk. El mayor se veía a sí mismo como una bien aceitada bisagra entre dos eras: la comunista, que continuaba añorando, y la capitalista, que sabía inevitable pero cuya irrupción contemplaba con recelo. Cuando la actividad naval comenzó a mermar y el puerto de Múrmansk pasó a ser un gigantesco desguace y depósito de residuos nucleares, a Nóvikov se le ocurrió una idea para que los habitantes de la ciudad obtuvieran beneficio de la nueva situación.

Sirviéndose en parte de su autoridad, en parte de su notable poder de persuasión, había logrado que cada vez que una embarcación era desahuciada y remolcada a los diques de desguace, antes de que las cuadrillas con sopletes comenzaran a despiezarla, la gente de Múrmansk pudiera acceder a la nave y llevarse lo que quisiera. El pueblo recibía así, sin más coste que el sudor de su frente, a la vieja usanza, unos bienes que podía disfrutar o bien vender a cambio de unos muy necesarios rublos. Estos desguazadores no profesionales eran como las hormigas que mondan un cadáver hasta no dejar más que el esqueleto; y en este caso, el esqueleto era lo realmente valioso: el acero, el noventa por ciento del peso del barco, que los ávidos vecinos de Múrmansk dejaban desnudo, dispuesto para ser troceado y enviado a las acerías, donde se fundía para fabricar los productos de la nueva era.

Anna ayudó a su hermana a preparar la cena. Desde que Sofía se había ido de Moscú sólo se habían visto un par de veces; en ambos casos, encuentros breves y de compromiso. En la práctica eran dos desconocidas. Lo que sabían una de la otra se reducía a recuerdos de una infancia lejana en Moscú; Anna, una niña caprichosa, y Sofía, una adolescente callada que permanentemente parecía estar rumiando algo. Cada una a su modo, siempre insatisfechas.

Anna miraba a Sofía de reojo. No recordaba que su hermana tuviera el rostro tan alargado. Sofía no había cumplido los cuarenta pero ya parecía una anciana. Estaba muy arrugada y tenía las manos callosas, de un color entre rosa y naranja. A Anna no le gustaría que la tocasen unas manos como ésas.

Cenaron en el salón y Alexei explicó a su cuñada cómo iban a ser las cosas en adelante. Toda la familia trabajaba en los barcos, y a partir del día siguiente Anna iría con ellos. A cambio obtendría techo, comida y puede que unos rublos. Por supuesto, también tendría que echar una mano a Sofía en la casa.

Añadió que era un buen trabajo. Algunos desguazadores hacían tonterías. Se metían donde no debían. Habló de cargueros con restos de mineral de uranio en las bodegas. Habló de respirar amianto y asbesto. Pero ellos no, ellos eran listos. Tenían equipos. Además conocían a la gente adecuada. Sabían antes que los demás cuáles eran los barcos que merecían la pena.

Alexei hablaba con gravedad, los codos apoyados en la mesa, tomando un sorbo de vodka entre frase y frase. Anna le miraba las mejillas, recorridas por un entramado de capilares rotos, y el jersey con puntos saltados. Alexei se llevó un bocado a la boca y trituró un trozo de cartílago.

El aparato en el que estaba trabajando antes, explicó, era un contador Geiger. Antes tenían otro, pero dejó de funcionar. Le contó, sin ocultar su orgullo, cómo había comprado un tubo Geiger a un soldado de la base y cómo había fabricado él mismo un contador nuevo. Siempre llevaban un contador cuando entraban en un barco. Si detectaba radiación, daban media vuelta.

Anna no supo si sentirse inquieta o tranquilizada por esa información. Lo de la radiación, las historias que había oído, era todo cierto.

No te preocupes, dijo él leyendo su expresión. Es un buen trabajo, repitió. Los hay mucho peores. Desmantelar los submarinos nucleares. Eso sí que es malo. Malo de verdad. No te gustaría nada. A esa gente la desnudan en el mismo muelle y la manguean y la frotan con cepillos, a quince grados bajo cero.

Los chicos no abrieron la boca en toda la cena. Comían con la cabeza muy cerca del plato. Miraban de reojo a Anna, que se había soltado el pelo y llevaba las uñas pintadas de rojo.

Sofía tampoco habló.

En las siguientes semanas Anna descubrió que quizá hubiera trabajos peores, pero que desmantelar barcos no le gustaba nada. Cada mañana la familia acudía a algún muelle para sumarse a una masa de desguazadores pertrechados con palancas, destornilladores eléctricos y sopletes. Cuando los soldados les daban permiso para subir a bordo comenzaba una carrera para llegar los primeros a los camarotes y la cocina, donde se encontraban las mejores piezas. Abundaban los insultos, los empujones y los codazos. Al subir atropelladamente por la pasarela, de vez en cuando alguien caía al agua y los soldados reían a carcajadas. Arramblaban con todo lo que fuera vendible: muebles, vajillas, cocinas, generadores eléctricos, interruptores de la luz, cable, escotillas, ojos de buey, chalecos salvavidas… Para saber cuándo llegaban los barcos, había que pagar a los soldados; para subir a los barcos antes que los demás, había que pagar a los soldados; para acceder a la sala de máquinas y llevarse piezas de los motores, había que pagar a los soldados. Y aun así, instalados al pie de la pasarela, los soldados podían quedarse con lo que quisieran del botín. Del dinero pagado, la mayor parte iba a los bolsillos de Nóvikov.

Había accidentes, había explosiones cuando un soplete cortaba una tubería donde quedaban restos de combustible, había peleas; los desguazadores llevaban cuchillos ocultos bajo las ropas, y algunos, pistolas. Olor a petróleo. El estruendo de los generadores portátiles para alimentar los focos. Días enteros y también noches desmontando tablillas de parqué.

Durante los descansos a Anna le contaban historias. Le hablaron de desguazadores que morían de asfixia al quedar atrapados en espacios confinados; de una bodega repleta de cerdos muertos; de un lobo famélico que encontraron a bordo de un cablero, hecho un ovillo en la cabina del capitán. Nadie sabía cómo había llegado allí. Sus aullidos resonaban en los corredores. Lo dejaron encerrado hasta que enmudeció. A los desguazadores les encantaban esas historias, las repetían una y otra vez, estaban ávidos de ellas, comparaban versiones. Parecían la auténtica razón por la que acudían a los barcos.

Alexei felicitaba a sus hijos cuando conseguían una buena pieza —una brújula dorada, un samovar, una cristalería casi completa—. Descansaba las manos en la cintura mientras recuperaba el aliento y sonreía viéndolos desmontar una válvula o arrancar un lavabo. Los dos eran obedientes, recios y de pocas palabras. Le gustaría tener no dos, sino diez, veinte como ellos, todos a sus órdenes. Anna seguía sin distinguir a los gemelos, que apenas le hablaban, aunque la observaban fijamente cuando pensaban que ella no se daba cuenta.

Los dos pares de guantes que Anna tenía acabaron destrozados. Los usaba para trabajar. Con el poco dinero que le dio

Alexei, compró una crema para las manos y otros guantes, más resistentes que los anteriores pero no tanto como le recomendó su hermana. Los destrozó igualmente. Continuaba durmiendo en la cocina. Sus cosas, guardadas en las maletas. Cada noche, tumbada en un colchón que debía levantar al amanecer, imaginaba que el resto de la familia susurraba sobre ella. Vestía ropa vieja de los chicos. Se ponía varias camisetas, una encima de otra. Olían a lejía y debajo de las mangas y a lo largo de la espalda tenían un indeleble color amarillento.

Cada día hacía más frío. Una tarde el sol se puso y ya no volvió a salir. Durante los dos meses siguientes una noche permanente se sumaría a la niebla de Múrmansk. Las chimeneas de las fábricas proyectaban columnas de humo a la oscuridad.

Los mejores ratos para Anna llegaban cuando podía disfrutar de aquella inmensa bañera. Su hermana le había prohibido llenarla del todo y siempre aporreaba la puerta en el mejor momento, mientras ella dormitaba con la nuca apoyada en el borde esmaltado. La bañera reposaba sobre calzos de madera y un trozo de manguera conectaba el desagüe con un agujero en el suelo. Mientras Anna se bañaba, la vivienda se sumía en un silencio inhabitual. Cuando salía del baño envuelta en un albornoz y con una toalla en la cabeza, los rostros de todos se volvían hacia ella. Las fosas nasales de Alexei y de los chicos se dilataban. Anna agachaba la mirada y se metía rápidamente en la cocina.

Por fin consiguió distinguir a los gemelos. Uno la siguió llamando tía pero el otro empezó a dirigirse a ella por su nombre.

Una mañana, mientras ella y el gemelo que la llamaba por su nombre desmontaban lámparas en un viejo dragaminas, él le dijo, sin mirarla a los ojos, que si necesitaba cualquier cosa se lo dijera, que podía ayudarla y que le gustaría mucho hacerlo. Añadió que no pensaba dedicarse a eso toda la vida, que iba a dejarlo lo antes posible, que ahorraba para irse a otro sitio.

Y ya no dijo más porque Alexei apareció en la puerta del camarote donde desmontaban las lámparas y los miró detenidamente y les ordenó darse prisa.

Esa noche, durante la cena, Alexei bebió más vodka del que solía tomar un día de labor. Lanzaba miradas de furia al gemelo que llamaba a Anna por su nombre. Después de la cena siguió bebiendo. Sofía intentó quitarle la botella y él le gritó que se metiera en sus asuntos y la llamó bruja y espantapájaros. Poco después se ponía en pie derribando la silla y empezaba a golpear al gemelo que llamaba Anna a Anna. Éste se limitó a cubrirse la cabeza con los brazos mientras su padre le daba puñetazos y patadas. El otro gemelo trataba de detenerlo sin conseguirlo; Alexei era aún más robusto que sus hijos. Sofía gritaba. Lo llamaba animal y borracho. Por fin Alexei se detuvo y se metió a zancadas en el dormitorio y cerró la puerta dando un portazo. Anna seguía refugiada en el rincón desde el que, horrorizada, había presenciado la escena.

Algunos días Sofía no iba a los barcos. Hacía la compra o se quedaba en casa limpiando o zurciendo la ropa de su marido y de sus hijos. Esos días le gustaban. Detestaba los barcos. Le habría gustado escapar de Múrmansk en cualquiera de aquellas embarcaciones. Sin embargo se dedicaba a despiezarlas, ayudaba a que nunca volvieran a navegar.

Cuando se quedaba en casa husmeaba en las cosas de sus hijos y de su hermana. Un día descubrió en una de las maletas de Anna un paquete con tres pastillas de jabón envueltas en papel de celofán; una dorada, una lavanda y una rosa, cada una con su correspondiente lazo plateado. El aroma de las pastillas escapaba de los envoltorios. Y también encontró un par de pendientes que en inspecciones anteriores no estaban allí.

Su hermana no tenía dinero para comprar aquellas cosas. Ni los chicos para regalárselas.

Sofía volvió a dejarlo todo como lo había encontrado. A ella, Alexei nunca le había regalado pendientes.

Al mayor Nóvikov no le gustaba la comida de la base. Cada mediodía se desplazaba a Múrmansk, a una casa cercana a los muelles, donde una anciana, antigua cocinera de un restaurante en la época dorada del puerto, le preparaba sus platos favoritos. Después de comer hojeaba el periódico o echaba una cabezada en el sofá de la anciana. Si se sentía benevolente atendía a los que, sabiendo que se le podía encontrar allí, acudían a pedirle algo.

Sofía vio el coche de Nóvikov ante la casa de la anciana. Dos soldados montaban guardia en la entrada. Les dijo que quería ver al mayor. Uno pasó adentro mientras el otro se quedaba con ella sin quitarle ojo. Un momento después salía el secretario del mayor y le preguntaba quién era y qué quería. Sofía dijo que era la mujer de Alexei Vasiliev y que quería hablar con el mayor sobre un barco. El secretario asintió. La iniciativa del mayor de permitir a los vecinos el acceso a los barcos había disfrutado de gran éxito al principio, cuando la gente de Múrmansk había acudido en masa a los muelles, ya fuera por necesidad o como mero pasatiempo. Pero la dureza del trabajo y, sobre todo, el comportamiento territorial de los que afrontaron de forma más profesional la tarea pronto redujeron la afluencia a una serie de grupos organizados. Alexei y sus gemelos eran bien conocidos por el secretario, que ordenó a Sofía que esperara. Entró en la casa y poco después salía con la noticia de que el mayor hablaría con ella. Antes de permitirle entrar, un soldado la cacheó. En uno de los bolsillos encontró una bolsa de plástico que contenía un fajo de billetes; a Sofía le había costado años ahorrarlos en secreto. El secretario examinó brevemente el dinero y se lo devolvió.

Pasaron al salón, donde el mayor tomaba té en compañía de la anciana. Ésta se abrigaba con una bata floreada y de su barbilla crecían unos pelos grises. Nóvikov llevaba la guerrera desabotonada y tenía la cara roja. Los dos habían estado riéndose, recordando viejos cotilleos sobre oficiales que habían pasado por Múrmansk, habituales del restaurante de la anciana. Sofía miró a ésta esperando que se levantara y se fuera, pero eso no sucedió. La vieja le dedicó una sonrisa burlona sin moverse de su butaca.

¿Qué quieres?, preguntó el mayor.

Un barco. Antes que los demás.

¿Cuánto tiempo antes?

Unos días. Todos los posibles.

¿Qué tipo de barco?

Uno grande.

El mayor sorbió de su té.

¿Por qué vienes tú en lugar de tu marido?

Él está trabajando.

Está trabajando y piensa que si te envía a ti a pedírmelo hay más posibilidades de que acceda, dijo el mayor mirándola de la cabeza a los pies.

No tengo ni idea de lo que piensa mi marido, dijo Sofía tendiendo la bolsa con el dinero.

El secretario se adelantó para cogerla y asintió al mayor, que se acarició el vientre y luego preguntó:

¿Hay algún barco como el que pide?

El secretario dijo que el *Boris Butoma* llevaba varios días atracado pero que no tendría turno en los muelles de desguace hasta, por lo menos, dentro de dos semanas.

¿Qué tipo de barco es?, quiso saber Sofía.

Un buque cisterna militar. Veintidós mil toneladas. Podéis subir a bordo mañana.

Ella negó con la cabeza. Iremos dentro de dos días.

El secretario se encogió de hombros.

¿Algo más?, preguntó el mayor. Si no es así, puedes irte.

Dos días después Alexei y los chicos dedicaron la jornada a recorrer Múrmansk y la vecina ciudad de Kola para vender las últimas cosas recuperadas de los barcos. En ocasiones como ésa alquilaban la furgoneta de un conocido. A veces las negociaciones se ponían tensas y a Alexei le gustaba hacerse acompañar por los gemelos para que le guardasen las espaldas. Salvo en esos casos, era una labor mucho más liviana que el trabajo en los muelles. Volvían a casa con dinero en los bolsillos y caprichos que se concedían, como alguna cinta de música para los chicos y, para Alexei, vodka mejor que el que bebía habitualmente.

A Anna también le gustaban esos días, en los que se veía liberada de ir a los barcos. Podía quedarse en casa con Sofía, que siempre se las arreglaba para mantenerla ocupada o hacerla sentir culpable por algo, pero eso era mejor que desmontar inodoros cubiertos por una costra de porquería o abrir un armario y que una rata te saltara a la cara.

Se tapó hasta la coronilla cuando su cuñado y los gemelos entraron en la cocina a desayunar. Poco después se relajaba al oírlos salir de casa. Cambió de postura, dispuesta a seguir durmiendo un rato más, pero no le fue posible. Poco después su hermana le ordenaba ponerse en pie. Tenían que a ir a un barco. Ellas dos. Le habían hablado de uno al que los desguazadores no podrían subir hasta más adelante, pero ellas iban a hacerlo hoy. Ya lo había arreglado con los soldados.

Anna se quejó, dijo que ellas solas no conseguirían nada. Su hermana respondió que se centrarían en las cosas valiosas de verdad. Y añadió que si dejaban pasar esa oportunidad y Alexei se enteraba, las echaría de casa a las dos. Anna se puso en marcha a regañadientes, con los pliegues de la almohada aún marcados en la cara. Era de noche. Seguiría siendo de noche durante unas semanas más.

Sofía llevaba anotada la ubicación del *Boris Butoma*. El muelle donde estaba atracado se encontraba aguas abajo de Múrmansk, cerca de la desembocadura del Kola. Aquélla era una zona que no frecuentaban, un cajón de sastre donde languidecían barcos cubiertos de herrumbre, algunos escorados o yaciendo ya en el lecho del puerto, junto a otros que aguardaban un atraque mejor. Sofía se detuvo frente a una garita y entregó al soldado que dormitaba dentro el pase facilitado por el secretario de Nóvikov. El soldado lo echó al fondo de un cajón y siguió dormitando. Ellas condujeron todavía un largo trecho hasta alcanzar el muelle. Pasaron ante hileras de almacenes cerrados o en ruinas.

Aquí no hay nadie, dijo Anna.

Mejor. Menos molestias.

Sofía dejó el coche en un callejón entre dos almacenes. Cuando su hermana le preguntó por qué no aparcaba junto al barco, aquélla respondió que debían ser discretas. No querían que el coche llamara la atención de alguien, ¿verdad?

¿Quién va a venir aquí?

Coge tus cosas.

La pasarela era estrecha, empinada y sólo tenía pasamanos a un costado. Subieron por ella haciendo equilibrios, cargadas con el equipo.

¡Vaya!, exclamó Anna cuando llegaron arriba.

Era el barco más grande en que había estado. Caminaron por la amplia cubierta, recorrida por el sistema contra incendios y de la que asomaban las salidas de venteo de los inmensos tanques que había debajo. Sofía se detuvo.

Es mayor de lo que pensaba, dijo. Si cargamos con todo esto no nos dará tiempo a acabar hoy. Cogeremos sólo lo imprescindible y dejaremos aquí el resto.

Comenzó a seleccionar las herramientas que llevarían y a repartirlas entre ella y su hermana.

¿Sólo una linterna?, preguntó Anna.

Será suficiente. Estaremos todo el tiempo juntas.

Llevamos el Geiger, ¿verdad?

Por supuesto.

Se dirigieron a la popa y buscaron una escotilla. Pero en lugar de subir hacia el puente y los camarotes, Anna comenzó a bajar hacia las bodegas y la sala de máquinas.

¿Adónde vamos?, quiso saber su hermana.

Hoy no tenemos competencia. Lo que haya en los camarotes seguirá allí dentro de un rato. Por una vez quiero echar un vistazo ahí abajo.

Con Alexei nunca vamos ahí abajo.

Sofía, que iba en primer lugar y empuñaba la linterna, se detuvo y apuntó a su hermana a la cara. Anna se quejó y alzó una mano para protegerse de la luz.

Alexei se equivoca a menudo, pero no le gusta que se lo digan. Muchos de estos barcos los usaban para hacer contrabando. Si queda algo, no estará en el puente de mando.

Está bien, dijo Anna con reticencia. Pero enciende el Geiger.

Sofía torció la boca pero obedeció a su hermana pequeña. El contador crujió; la medida correspondía a la radiación de fondo que podía encontrarse en cualquier lugar.

¿Más tranquila?

Anna resopló. Siguieron bajando. Se asomaban a las estancias ante las que pasaban pero no veían nada de interés. El suelo de los corredores estaba cubierto de prendas de ropa sucias y arrugadas, cajas rotas y papeles polvorientos. La linterna dibujaba un cono bien definido en la espesa negrura.

¿Sabes dónde estamos?, preguntó Anna. Esto parece un laberinto.

Deja de decir tonterías y abre los ojos. Busca algo que nos podamos llevar. No me dejes todo el trabajo como de costumbre.

Bajaron aún más. Bajaron tanto que Anna no podía creer que todavía siguieran en el barco. Le parecía que tenían que haber abandonado la nave y que lo que ahora recorrían era una red de túneles que se extendía quién sabe si bajo el muelle o bajo el mar. Los mamparos oxidados, el fuerte olor a humedad y el aire pesado, que costaba introducir en los pulmones, reforzaban su impresión. Se cruzaron con unas cuantas ratas.

Sofía se detuvo junto a una compuerta, la abrió y se asomó adentro.

Parece un almacén. Hay cajas. Puede que hayamos tenido suerte.

Anna entró. La estancia era amplia, el techo se elevaba a unos cuantos metros y, en efecto, al fondo había varias cajas de madera, aunque alguien ya las había revisado; estaban abiertas y el suelo sembrado de espuma de poliestireno. Iba a decírselo a su hermana cuando la compuerta se cerró con un fuerte golpe y el almacén, o lo que fuera aquel lugar, quedó sumido en la oscuridad. No había ni un resquicio de luz. Anna gritó llamando a Sofía. No hubo respuesta. Avanzó a tientas hacia la compuerta, o hacia donde creía que estaba. Tropezó con algo y cayó al suelo. Siguió adelante arrastrándose. Tanteó el mamparo hasta dar con la compuerta, que encontró bloqueada. Se puso a golpearla con los puños. Mientras tanto no dejó de llamar a su hermana con todas sus fuerzas.

Después de cerrar la compuerta, Sofía había dejado caer todo lo que llevaba consigo, salvo la linterna, y echado a correr para alejarse de los gritos de Anna. Llegó a unas escaleras que subió de tres en tres. El haz de luz brincaba ante ella. Tomó un corredor por el que no recordaba haber pasado antes; los gritos de Anna cada vez más distantes. Nuevas escaleras y otro corredor, medio obstruido por unas estanterías y una pila de cajones y sillas rotas. Al sobrepasar la barrera, ésta se vino abajo terminando de cegar el pasillo. Siguió corriendo. Su hermana golpeaba un mamparo con algo sólido, seguramente la palanca que llevaba entre su equipo.

Al acometer un nuevo tramo de escaleras, Sofía tropezó, la linterna se le escapó de la mano, se oyó el ruido de un cristal al romperse y todo quedó a oscuras.

En el almacén, Anna reunió sus últimas fuerzas para dar otro golpe con la palanca. Luego se dejó caer sentada en el suelo.

Lloraba. Se le ocurrió que podría aplicar la palanca al borde de la compuerta y que quizá así lograra abrirla. Sin embargo siguió sentada y llorando y repitiendo entre sollozos e hipidos el nombre de su hermana.

Sofía tanteó los escalones hasta dar con la linterna. No hubo forma de encenderla. La bombilla estaba rota. Se maldijo a sí misma. Luego se repitió que tenía que mantener la serenidad, que con serenidad saldría de allí. No sabía en qué parte del barco estaba, pero todo lo que tenía que hacer era subir. Buscar unas escaleras y subir. Siempre hacia arriba. De esa forma llegaría a la cubierta o a algún sitio donde hubiera luz. Entonces recuperaría la otra linterna y volvería a por su hermana.

Sólo quería asustarla. Dejarla encerrada a oscuras un rato. Luego le diría que se había desorientado y dado vueltas por los corredores hasta encontrar de nuevo el almacén. Su hermana no la creería, aunque eso no tendría importancia. Sofía quería que se fuera. Por el miedo producido por el encierro, por la evidencia de que no era querida o por ambas razones. Eso era lo que Sofía había planeado. Quería que las cosas volvieran a ser como antes, cuando Alexei y ella y los gemelos estaban solos y todo iba bien.

Se pegó a un mamparo y, arrastrando los pies para no tropezar con las cosas que había por el suelo, avanzó en busca de unas escaleras.

Anna dejó de repetir el nombre de su hermana. Calló un momento y empezó a llamar a Alexei. Él encontraría aquel sitio y la sacaría de allí. Alexei derribaría la puerta si no quedaba más remedio. En cuanto notara su ausencia se lanzaría a buscarla. Y luego echaría a Sofía de casa por haberle hecho aquello a su hermana. La echaría a patadas.

Alexei era mucho mejor que su difunto marido. Éste se emborrachaba cada noche; Alexei sólo los fines de semana. Y era inteligente; había fabricado el contador Geiger para protegerse a sí mismo y proteger a su familia. Había mantenido a Anna a salvo de la radiación. Gracias a él seguía conservando los dientes y su bonito pelo. Y la casa no estaba mal, con todas aquellas cosas que había llevado de los barcos. Sólo le hacían falta unos arreglos. Los chicos eran mayores y pronto se irían, y entonces ella y Alexei dispondrían de tranquilidad y de más sitio.

Alexei, Alexei… ¿Dónde estás?

Se abrazó a sí misma y cerró los ojos con fuerza para no ver la oscuridad. Seguiría así todo el tiempo que fuera necesario.

Adelante y hacia arriba.

Sofía subió a tientas un tramo de escaleras y se topó con una compuerta cerrada. Fue incapaz de abrirla. Deshizo el camino. Había adoptado el método de no apartar su mano izquierda del mamparo del mismo lado. Creía que así evitaría moverse en círculos. Respiró hondo. Había que dar con otra escalera. Buscar luz. Cualquier luz.

Maldijo la noche polar.

Adelante y hacia arriba.

Alexei y los gemelos entraron en casa riéndose. Habían vendido todo el cargamento y a buen precio. Alexei llegaba achispado. Había comprado una botella de vodka por el camino y la había abierto en la furgoneta. Uno de los gemelos se encargó de conducir.

Se extrañaron al no encontrar en casa a ninguna de las mujeres. Alexei estaba hambriento y rompió a maldecir. Las cosas de Sofía y Anna seguían donde siempre. No había ninguna nota que informara de que hubieran salido. De pronto Alexei corrió al dormitorio y miró bajo la cama, donde guardaban el equipo que llevaban a los barcos. Sus maldiciones se redoblaron. Aquellas perras se lo habían llevado todo. Los sopletes, el contador Geiger... Habían abandonado sus escasas y estúpidas pertenencias pero se habían llevado lo único que había de verdadero valor en la casa. A continuación Alexei miró en el escondite secreto de su mujer, un hueco detrás de un rodapié, donde ella guardaba sus ahorros, y lo encontró vacío. Ordenó a uno de los gemelos que corriera a ver si el coche estaba donde tenía que estar. Mientras tanto siguió insultando a las dos hermanas. Aseguró que ellas solas no conseguirían nada. Que morirían de hambre o que volverían a casa con la cabeza gacha y en adelante tendrían que hacer siempre lo que él dijera. Y añadió que entonces preferirían haber muerto de hambre.

Luego ordenó al otro gemelo que le preparara algo de cenar y él se sentó a la mesa del salón y siguió maldiciendo y bebiendo.

Su hijo obedeció. Entró en la cocina y cerró la puerta. Apoyado en el borde del fregadero lloró en silencio. Se tapó los ojos con una mano mientras se mordía la otra para que su padre no lo oyera. El llanto le deformó los rasgos. Imposible saber de cuál de los gemelos se trataba.

Primer amanecer después de dos meses de oscuridad. El sol asoma tras el horizonte y tiñe de color salmón las nubes.

La casa de Alexei está más desordenada y sucia que cuando su mujer vivía allí, pero entre él y los chicos se las apañan. Vuelven de los barcos al final de la tarde, Alexei se sienta a beber, se acuerda de Sofía. Seguro que ella llevaba tiempo pensando en irse; la llegada de su hermana aceleró sus planes. La echa de menos a ratos. Los gemelos preparan la cena, la llevan a la mesa. Él toma un bocado y dice:

No está mal. No está mal.

Después dice que ha oído hablar de un buque cisterna que llegará a los muelles en pocos días. Podría ser interesante. Se pregunta en voz alta si merecerá la pena pagar a Nóvikov para subir a bordo antes que los demás. Los gemelos cenan en silencio. Su opinión no importa.

Al mayor Nóvikok no le ha sentado bien la comida. La empanada que la anciana le ha servido como segundo plato llevaba demasiadas coles en el relleno. Se suelta el botón del pantalón y resopla. Se pone en pie tambaleándose y llama a su secretario. Cuando éste aparece Nóvikov le dice que antes de volver a la base dará un paseo para bajar la comida. Luego le ordena buscar a esa bruja y sacarla del rincón donde esté escondida. Quiere que ella lo acompañe.

Poco después Nóvikov recorre los muelles a pie. Lleva el cuello del abrigo levantado y suelta pequeños eructos por un costado de la boca. La anciana lo sigue a regañadientes. Sopla un viento húmedo y helador. La anciana tirita. Nóvikov se da cuenta pero hace como que no. Esa vieja no se moverá de allí hasta que él le permita irse. La próxima vez tendrá más cuidado a la hora de preparar el relleno de la empanada. Ya le había dicho que tiene problemas para digerir las coles.

El mayor se detiene con expresión contraída en el borde del muelle. El agua es de color grafito y en la superficie flota basura y las manchas de hidrocarburo forman auras multicolores alrededor. Si la maldita corriente del Golfo no pasara por allí, tendrían hielo, piensa. El hielo tiene sus cosas buenas. Evita ver el sucio color del agua y también la basura. En otros puertos tienen hielo y se las apañan. A continuación menea la cabeza y sonríe, divertido por la capacidad de las personas para envidiar incluso lo que no quieren.

Tercera parte

Un viejo con suerte

Saltaron del todoterreno y se alejaron unos pasos, cada uno en una dirección. Se hincharon el pecho de aire pirenaico. Los campos descendían suavemente desde la estribación montañosa, salpicados de flores cuyos nombres científicos desearon conocer de inmediato. El día tocaba a su fin y, aunque a aquella altitud todavía brillaban los últimos rayos de sol, el valle estaba sumido en una semioscuridad entre la que se distinguían una estación de tren con una vía simple y un grupo de casas del que sobresalía un campanario. En la dirección opuesta, con las cumbres encopetadas de nieve, se elevaban las montañas. Detrás estaba Francia.

Los dos hombres dejaron que las mujeres contemplaran el paisaje mientras ellos comprobaban la carga del remolque. Retiraron la lona que cubría la máquina de tiro al plato, firmemente sujeta con cuerdas y calzos, y que apuntaba al cielo como un arma antiaérea. Disponían de varias cajas de platos, de mezcla de arcilla y alquitrán, y verificaron que el contenido no se hubiera dañado durante el último tramo del trayecto, por una pista accidentada. Después volvieron a taparlo todo con la lona.

Los hombres se habían negado a contratar un taxi de montaña. Por el camino se habían desorientado en un par de ocasiones. Eran gentes de ciudad, con ocupaciones lucrativas aunque convencionales. Tanto su vehículo como las ropas deportivas que vestían eran caros. De no haberse encontrado allí aquel fin de semana habrían estado jugando al golf o reunidos en casa de unos u otros, conversando y bebiendo. Salvo por las escasas salidas como aquella que cada cierto tiempo llevaban a cabo, planificadas con amplia antelación y una meticulosidad que lindaba con lo militar, no estaban habituados a la vida al aire libre.

El albergue donde iban a pasar los dos días siguientes era una construcción de piedra con tejado a dos aguas y amplios aleros. De ella salió un hombre de avanzada edad para darles la bienvenida. Dedicó a cada uno una breve inclinación de cabeza y los ayudó a trasladar al interior su equipaje y las dos escopetas. Las habitaciones estaban preparadas y la cena lista para servir, dijo. Era el único encargado del albergue. Los informó también de que no habría más huéspedes durante el fin de semana.

Las habitaciones estaban adornadas con acuarelas de jabalíes, corzos y otros ejemplos de la fauna de los Pirineos. La planta baja abarcaba un amplio salón-comedor, la cocina y la vivienda del viejo. Una construcción anexa hacía las funciones de despensa, almacén y garaje para un Land Rover.

Después de la cena, el viejo les indicó en el mapa de las montañas colgado en una pared del salón algunas rutas de escasa dificultad. A continuación les deseó buenas noches y, tras pedirles que apagaran las luces cuando se fueran a dormir, se retiró. Las parejas siguieron conversando un rato, hasta que la fatiga hizo que, uno a uno, los cuatro quedaran en silencio. Permanecieron acurrucados en sus asientos, dando sorbos a las copas mientras escuchaban las rachas de viento que llegaban con regularidad desde la mole de las montañas, como exhalaciones de una enorme respiración cansada.

Regresaron a media tarde, eufóricos por el paseo y deseosos de pasar las horas que quedaban de luz tirando al plato. Descargaron del remolque la máquina y la emplazaron apuntando al valle. Cargaron el carrusel y lanzaron varios platos para ajustar el ángulo y la distancia. A continuación organizaron una competición entre parejas. Pero a las mujeres pronto empezó a dolerles el hombro y dijeron que abandonaban sus puestos. Se retiraron al albergue para darse un baño. Ellos siguieron disparando. Empleaban el capó del todoterreno como mesa para la munición y las botellas de cerveza de las que bebían entre disparo y disparo.

Caía el sol cuando el viejo salió para preguntar si todo iba bien y avisarlos de que la cena estaría lista enseguida. Ante la invitación de ellos examinó una de las escopetas, se la llevó al hombro y paseó el punto de mira fosforescente por la línea del horizonte, aunque rechazó hacer fuego. Miró los fragmentos de los blancos que salpicaban la ladera y los cartuchos quemados a los pies de los tiradores pero no dijo nada. Cuando le ofrecieron una cerveza, respondió que no. Debía ir a atender la cocina.

Contaron los platos que quedaban e interrumpieron la competición hasta el día siguiente. Cubrieron la máquina con la lona sin moverla del sitio.

Después de la cena una de las parejas salió a dar un paseo. La otra consiguió que el viejo se sentara a tomar un coñac con ellos. Hombre de pocas palabras tras muchos años de vida solitaria, contó que antes había trabajado en la construcción, levantando viaductos, motivo por el que le faltaban dos falanges en la mano izquierda. Un buen día decidió abandonar aquella vida. Invirtió sus ahorros en el albergue y se instaló en las montañas.

A las preguntas de si no echaba de menos la ciudad y si nunca se sentía solo respondió con una sonrisa y meneando la cabeza.

Cuando quiero ver gente bajo al pueblo, dijo. Allí encuentro todo lo que necesito. Y si hay problemas tengo la emisora.

Le gustaba leer y con el tiempo había reunido una nutrida biblioteca que incluía novelas, libros de viajes y manuales de geología y botánica. Se confesó admirador de Jack London.

Charlaron sobre libros y los inviernos en las montañas hasta que la otra pareja regresó. Sonrientes, entraron en el salón abrazados por la cintura. Traían el rostro encendido, y ella, el cabello revuelto. Anunciaron que se iban a la cama y les desearon buenas noches. Después de eso el viejo perdió las ganas de hablar. Al cabo de un momento los otros también se retiraron.

Los hombres madrugaron para continuar la competición. En el valle, cubierto todavía por la sombra de las montañas, quedaban jirones de bruma mañanera. A pesar de lo temprano de la hora el calor se hacía sentir. Se anunciaba un día sofocante.

Cargaron el carrusel de la máquina con los platos que restaban y se pusieron los tapones para los oídos.

A la hora del desayuno ya habían terminado. El ganador concedió al otro la posibilidad de una futura revancha, a sabiendas de que la ocasión tardaría en presentarse.

Volvieron adentro, donde encontraron a las mujeres a la mesa, tomando café malencaradas. Los disparos las habían despertado. Se unieron a ellas y engulleron los platos de huevos revueltos y beicon, acompañados de tostadas y café, que el viejo les puso delante. Ellas los miraban comer sin hacer comentarios.

Ante la pregunta de qué hacer ese día, las mujeres rechazaron la opción de una nueva marcha. La insistencia de sus maridos no les hizo cambiar de idea. Preferían quedarse en el albergue y tomar el sol.

Privados de la diversión del tiro, a ellos no les apetecía pasar el día sin moverse de allí. Con ayuda del viejo estudiaron el mapa de las montañas en busca de un destino atractivo.

Debían regresar a la ciudad esa tarde, por lo que no había tiempo que perder. El viejo les había hablado de un pequeño lago a tres horas de camino.

Subieron una ladera poco pronunciada, poblada de pinos negros, y cruzaron una garganta tras la que perdieron de vista el refugio. La garganta se abría a un valle herboso que, según el viejo, debían recorrer hasta su otro extremo antes de empezar a ascender hacia el lago. El valle era una antigua artesa glacial y a todo su largo y ancho descansaban grandes bloques de roca depositados por el hielo, algunos de más de tres metros de alto, con fechas y nombres de anteriores excursionistas grabados.

Vieron marmotas asomadas a la boca de sus madrigueras. Cuando se detenían para mirarlas, ellas se escondían con rapidez. Si cuando ya habían reanudado la marcha miraban hacia atrás, las veían de nuevo, con sus naricillas a ras de la hierba, asegurándose de que se iban.

Medio en serio, medio en broma, lamentaron no haber llevado las escopetas.

El calor era cada vez mayor. Decidieron hacer un descanso. Rellenaron las cantimploras en el arroyo que discurría por el centro del valle. Iban más despacio de lo esperado. Un vistazo al mapa que les había prestado el viejo dejó claro que, si seguían al mismo ritmo, no llegarían al refugio a la hora acordada para volver a casa. Estudiaron el mapa y descubrieron un sendero que nacía cerca de donde estaban. Ascendía por un costado del valle y parecía un camino más corto para llegar al lago.

La idea de apartarse de la ruta y tomar un camino donde no sabían a ciencia cierta qué iban a encontrar los excitó y les dio nuevos ánimos.

El sendero era escarpado y en algunos tramos estaba casi borrado por la erosión. Hacían pausas para beber y enjugarse el sudor mientras dirigían miradas de escepticismo a la cima.

En el último trecho el sendero se hizo tan empinado que tuvieron que servirse de pies y manos para seguir subiendo. Coronaron exhaustos la cresta lateral del valle y se dejaron caer al suelo como pesos muertos. Uno se vació su cantimplora por la coronilla sin pensárselo.

Necesitaron unos instantes antes de ser conscientes del panorama que se extendía ante ellos. El sendero se borraba en aquel punto. Habían dejado atrás los pastos y pasado a terreno rocoso. El lago se encontraba a un kilómetro, una insólita superficie plana entre las caóticas formas de las rocas, dotada de un brillo plateado que los obligaba a bizquear. El paisaje rielaba por efecto del calor.

Su entusiasmo se había esfumado por el cansancio y lo poco atrayente del panorama. No vieron sentido a continuar hasta el lago y correr el riesgo de torcerse un tobillo en terreno tan irregular.

Arrastrando los pies se encaminaron a una gran roca con forma de espalda de camello que proporcionaba sombra suficiente para ambos. Se sentaron bajo su protección a comer barritas energéticas y fruta. Masticaban despacio, hasta reducir la comida a una papilla lo bastante fluida como para que sus gargantas resecas la tragaran sin ayuda de agua. No les quedaba más que media cantimplora.

A medida que el sol continuaba su ascenso, ellos se desplazaban para mantenerse al abrigo de la decreciente sombra de la roca, hasta acabar con las piernas encogidas, hombro con hombro, en una estrecha franja de oscuridad.

Permanecieron en silencio, deseando encontrarse con el viejo para darle su opinión sobre el destino que había escogido para ellos, hasta que se adormilaron.

Los despertó el sonido de gran número de pies aproximándose a la carrera. La roca junto a la que estaban se encontraba en lo alto de un promontorio, por lo que cuando el grupo de soldados apareció tras una ondulación del terreno, corriendo en formación, los dos hombres tuvieron una visión inmejorable del conjunto.

Eran miembros del Regimiento de Cazadores de Montaña, acuartelado no lejos de allí. Iban cargados con equipo de campaña. Desde la cabeza de la columna un sargento exhortaba a gritos a los que se quedaban atrás.

Los militares pasaron ante ellos sin notar su presencia, ocultos como estaban por la sombra. Eran unos treinta, todos reclutas, con la excepción del suboficial, y corrían con la mirada en el suelo. No los envidiaron.

Ya habían desaparecido de la vista y el sonido de sus botas se apagaba cuando vieron aparecer, por el mismo lugar por donde habían llegado los demás, a un rezagado.

Iba aplastado por el peso de la radioemisora que cargaba a la espalda. Daba pequeñas carreras alternadas con tramos en los que avanzaba a paso ligero, temeroso de lo que pudiera pasarle si se quedaba demasiado atrás o llegaba a perderse. Jadeaba con la espalda dolorosamente encorvada. Lo observaron avanzar de este modo hasta que llegó a su altura, momento en que pisó una piedra poco firme y cayó al suelo. Instantes después seguía sin levantarse.

Vamos a ver, dijo uno.

Cuando llegaron junto al recluta, éste manipulaba los correajes que lo ataban a la radio. Se liberó y el aparato cayó al suelo con un preocupante ruido metálico. Los miró aturdido. Estaba pálido y le temblaban las manos. Los dos hombres, a su vez, lo contemplaban con curiosidad.

¿Estás bien?, preguntó uno.

El recluta, tranquilizado al comprobar que no eran más que excursionistas, intentó decir algo, pero no logró que de su reseca garganta saliera ninguna palabra. Se limitó a asentir.

Parece que tus compañeros te han dejado atrás. Será mejor que descanses un poco. De todos modos no vas a alcanzarlos. ¿Puedes caminar?

Apenas se tenía en pie. Tuvieron que cargar con él hasta la sombra de la roca. Dirigía miradas angustiadas en la dirección por la que se habían ido sus compañeros. Luego hizo un gesto inconfundible. Quería algo de beber.

No nos queda mucha agua.

La mirada del recluta saltaba de uno al otro. Tenía una costra blanca en las comisuras de la boca.

Sólo un trago, concedieron por fin.

Él asintió y se llevó la cantimplora a la boca. Dio un trago corto, dejando que el agua se le escurriera por la garganta. A continuación tomó otro, más largo, y devolvió la cantimplora.

¿Mejor?

Sí.

¿Tu cuartel está lejos de aquí?

Cinco o seis kilómetros. Es el primer día que llevo la emisora. Pesa como un muerto.

Los hombres asintieron. El aparato de radio, envuelto en su funda, destacaba entre las rocas con intensidad acusatoria.

Me voy a ganar una buena si no vuelvo pronto, añadió el muchacho.

Más vale que te recuperes.

No tengo tiempo.

Uno de los hombres consultó su reloj.

Nosotros también deberíamos movernos.

Pero ninguno sentía deseos de ponerse en camino. Miraron hacia el lago, cuyas orillas parecían frescas y acogedoras en la lejanía, un gran acumulador que retenía en sus profundidades las temperaturas del invierno.

Tenemos que irnos, dijo uno de los hombres.

Sí.

Así es, coincidió el recluta.

Éste dio un paso y salió de la sombra. La luz del sol pareció borrar los detalles de su rostro y su uniforme, aplanando su figura. Se volvió hacia los hombres y abrió la boca como si fuera a decir algo, pero interrumpió el gesto y se quedó paralizado mirando al horizonte.

Ahora sí que la he jodido.

Los hombres miraron en la misma dirección.

Los militares estaban de vuelta. Habían abandonado la formación y deshacían el camino como un grupo desordenado, con el sargento al frente. Cuando el suboficial los vio junto a la roca aceleró el paso.

Joder..., musitó el recluta.

Los dos hombres aguardaron tranquilos. Ellos no tenían por qué preocuparse.

¿Se puede saber qué está pasando, soldado?, ladró el sargento. Era robusto y de corta estatura. Traía el rostro enrojecido por el calor y el enfado. Señaló la emisora abandonada.

¿Qué está pasando?, repitió.

Se detuvo frente a ellos y miró de arriba a abajo a los dos hombres sin reprimir una mueca despectiva ante sus llamativas ropas de deporte.

Nada, mi sargento, respondió el recluta.

¿Nada? ¿Cómo que nada? ¿Qué hace la emisora ahí tirada?

Ahora mismo la recojo, mi sargento.

¡Pues claro que ahora mismo la recoges! ¿Y se puede saber qué coño haces aquí parado? ¿Te apetecía un descanso o qué?

No, mi sargento.

El chico ha tropezado e iba a ir ahora tras ustedes, intervino uno de los hombres.

El sargento lo miró con fijeza.

No me interesa su opinión. ¿Por qué no se largan de aquí?

Cálmese, dijo el otro hombre. Sólo le hemos dado un poco de agua.

Al sargento le palpitaban sendas venas en las sienes.

¿Le han dado agua?, preguntó recalcando las palabras.

El hombre asintió.

¿Le han dado agua? Todos tienen orden de no beber hasta finalizar la marcha. ¿Y le han dado agua?

El interrogado se encogió de hombros.

No sabíamos nada.

El recluta se había escabullido para recuperar la emisora. Sus compañeros, que tenían un aspecto sólo un poco mejor que el suyo, escuchaban atentos la discusión.

Y aunque lo hubiéramos sabido se la habríamos dado de todos modos.

¿Ah, sí?

Sí. ¿Por qué no pueden beber agua? Es una estupidez.

Lo que pueden o no pueden hacer mis hombres no es asunto de ustedes. Si yo digo que no beben agua, no la beben. Y la opinión de unos domingueros no me interesa en absoluto.

En cualquier caso, no puede decirnos que nos marchemos. Tenemos todo el derecho a estar aquí.

El sargento miraba a uno y otro con los puños apretados. Resopló y se pasó el antebrazo por la frente para enjugarse el sudor. La tranquilidad de aquellos hombres lo estaba dejando en ridículo ante los reclutas. Dos de éstos, cargados con las piezas de un mortero, habían aprovechado para dar un descanso a sus piernas sentándose en el suelo. En cuanto los vio fue directo hacia ellos.

¡En pie! ¿Quién os ha dado permiso para sentaros?, exclamó al tiempo que arremetía contra el más cercano y le lanzaba una patada a la cadera.

El chico rodó por el suelo con el rostro contraído de dolor, mientras el otro se ponía en pie de un brinco. Los demás no dijeron palabra. Parecían habituados a aquel trato.

¡Eh!, exclamaron los dos hombres al unísono, menos acostumbrados a las demostraciones de violencia.

El sargento se volvió hacia ellos.

¡Qué!, rugió.

No puede hacer eso.

El sargento sonrió y dio media vuelta, dispuesto a patear otra vez al recluta, pero éste tuvo la agilidad suficiente para ponerse en pie y alejarse con rapidez.

No puede tratarlos así.

El sargento caminó despacio hacia los dos hombres, olvidado el recluta del mortero.

Por supuesto que puedo... Estoy en mi completo derecho, dijo socarrón. ¡Y ahora todos en marcha!, gritó a los reclutas. ¡Ya habéis tenido bastante descanso!

Imbécil, mascculló uno de los hombres, lo bastante alto como para que el sargento lo oyera.

¿Cómo ha dicho?

Al verlo ir hacia él, el hombre sintió que el estómago se le encogía, pero no se amedrentó. El sargento se le encaró; los músculos de los brazos tensos y brillantes.

He dicho que es usted un imbécil, repitió el hombre.

Su amigo dio un paso al frente y los dos quedaron hombro con hombro ante el suboficial, que tenía que alzar la cabeza para mirarlos a la cara.

Transcurrieron unos segundos sin que nadie se moviera ni dijese nada. Parecía que en cualquier instante el militar iba a arremeter contra uno u otro. Los dos hombres se mantenían a la espera, en apariencia imperturbables. El sargento era más fuerte que ellos dos juntos, no tendría problema para darles una paliza.

Mi sargento, son civiles, dijo entonces un recluta señalando lo obvio.

Al cabo de un momento los músculos del suboficial se relajaron y éste respiró hondo y sacudió la cabeza como para librarse de un aturdimiento pasajero.

¡En marcha!, gritó.

Los reclutas acomodaron la carga de sus espaldas.

¡Vamos! ¡Y no quiero ver a nadie quedarse atrás!, añadió mientras se colocaba al frente del grupo y apuntaba con un dedo amenazador al recluta de la emisora, que lo miró atemorizado.

El sargento echó a correr y los demás lo siguieron. Los dos hombres observaron cómo se alejaban.

Bajaron al valle azuzados por una intensa euforia. Salir airosos del enfrentamiento —ambos opinaban que habían resuelto la situación con gran claridad y firmeza— los hacía sentir orgullosos. Tenían la sensación de haber hecho algo importante al salir en ayuda del recluta.

Su razonamiento concluía en tal punto. No se detuvieron a pensar que no había sido su determinación lo que echó atrás al suboficial, sino el temor a las consecuencias que agredir a dos civiles ante numerosos testigos podía traer consigo. Ni que, con toda probabilidad, en otras circunstancias el sargento no habría dudado en golpear sus dignos rostros hasta reducirlos a sendas masas sanguinolentas. Ni que, en cuanto llegaran al cuartel, el muchacho de la radio sería blanco de las represalias del sargento con un perjuicio mayor del que habitualmente sufriría por quedarse atrás en una marcha.

En el arroyo bebieron con avidez y rellenaron las cantimploras. El ejercicio físico les había bastado hasta entonces para aliviar la tensión. Pero ya no era suficiente. Estallaron en carcajadas de autosatisfacción. Aullaron haciéndose oír en todo el valle y se palmearon la espalda uno al otro.

El camino restante lo hicieron a buen paso, ansiosos por contar lo ocurrido a sus mujeres.

El albergue estaba silencioso cuando se acercaron. No vieron a nadie fuera. Saludaron a voces para anunciar su vuelta.

La puerta del albergue se abrió de golpe, una de las mujeres salió corriendo y se lanzó a los brazos de su marido. El recibimiento no podría haber sido mejor, si no fuera porque tenía la cara cubierta de lágrimas. La otra mujer permanecía en la entrada abrazándose el pecho y los observaba con expresión cauta.

¿Qué es lo que pasa?, preguntó el marido, respondiendo al abrazo.

Pero ella, que no dejaba de llorar, no podía articular palabra.

¿Estás bien?, quiso saber él, y la cogió por los hombros tratando de calmarla. ¿Ha pasado algo?

Ella asintió repetidas veces.

La segunda mujer se hizo a un lado para flanquearles la entrada al albergue. Los hombres miraron a su alrededor buscando al viejo, al que no vieron por ningún lado.

¿Pero qué es lo que pasa?, insistieron, contagiados del nerviosismo de sus esposas.

Una vez en el salón, ellas les contaron lo sucedido.

Poco después de despedirse de ellos esa mañana, las dos mujeres habían bajado al pueblo con el viejo en su Land Rover. A pesar de ser domingo, los escasos comercios estaban abiertos. Había turistas paseando por las calles. Mientras el viejo compraba provisiones ellas desayunaron por segunda vez en una taberna y luego visitaron el lugar. Regresaron al albergue con la parte trasera del Land Rover cargada de comestibles.

Para entonces el calor apretaba con fuerza y el viejo se ofreció a prepararles una limonada. Ellas aceptaron gustosas. Sacaron unas tumbonas del garaje y las arrastraron a la ladera. Se tendieron a tomar el sol y charlaron contemplando el paisaje hasta que el viejo les llevó la bebida. Les preguntó si querían alguna cosa más, ellas dijeron que no y volvió al albergue.

No pasó mucho rato hasta que la ropa empezó a sofocarlas. Ninguna había llevado bañador así que miraron por si el viejo andaba cerca, y al no verlo decidieron que no había ningún problema por desnudarse. En ropa interior y con sendos vasos de limonada apoyados en el estómago volvieron a acomodarse en las tumbonas. Pronto cayeron en un sueño ligero.

Al cabo de un rato, una se despertó con dolor de cabeza por culpa del sol. La otra seguía durmiendo. La primera volvió a ponerse la ropa y fue al albergue dejando a su amiga en la tumbona. Subió a su habitación para darse una ducha. Un rato después, estaba aplicándose crema hidratante en las piernas cuando oyó los gritos.

En este punto la otra mujer tomó el relevo de la historia.

Me desperté atontada, dijo. Poco a poco se me fue aclarando la cabeza. En sueños había derramado el vaso de limonada y tenía el vientre pegajoso. Fue al levantarme cuando vi al viejo.

Estaba detrás de mí. A un par de metros. Parecía llevar observándome desde hacía rato. Debió de esperar hasta que te fuiste a la habitación para salir del albergue, dijo a su amiga.

Me miraba fijamente. Entonces me di cuenta de que estaba casi desnuda y me cubrí y le pregunté qué hacía allí. No contestó. Siguió mirándome con la boca entreabierta. Volví a preguntarle qué hacía y le pedí que se fuera. Pero no me hizo caso. De nuevo le dije que se fuera. Entonces se lanzó sobre mí.

Intenté pararlo pero me tiró al suelo. Es mucho más fuerte de lo que parece. Lo golpeé. Era como pegar a un muñeco de madera. Jadeaba y tenía ojos de loco.

Aquí la mujer hizo una pausa y se tapó la cara con las manos. Los demás esperaron a que pudiera continuar. Su marido la mantenía abrazada por los hombros.

Al final, prosiguió ella, me inmovilizó. Y me restregó la cara por el pecho. Yo me revolví, pero me tenía bien sujeta.

Hizo otra pausa.

Entonces me puse a gritar, dijo, y se le rompió la voz.

Su amiga retomó la narración.

Corrí a la calle y los vi en el suelo. Me puse a golpear al viejo para que la soltase. Al final, como no se apartaba, tomé carrerilla y le di una patada que lo hizo rodar por la hierba. Luego echó a correr y se perdió de vista. Habrá ido a esconderse a algún sitio. Se sujetaba un costado con la mano. Creo que le he roto alguna costilla.

Los hombres guardaban silencio.

No sabéis dónde está, dijo uno de ellos finalmente.

Ellas menearon la cabeza.

Podemos bajar al pueblo y denunciarlo, propuso el marido de la mujer agredida.

Ella dijo que no.

¿Por qué?

Quiero irme de aquí ahora mismo.

Su tono era decidido. Ahora que estaba más calmada, la conmoción daba paso a una irritación sorda.

Pero no podemos dejarlo así.

Vamos por él, propuso el otro hombre. Si como decís tiene alguna costilla rota, no habrá ido lejos. Lo encontramos y le damos su merecido. ¿Qué me dices?, interrogó a su compañero.

Éste se masajeaba las sienes.

Sí, vamos, dijo al cabo de un momento y se puso en pie. Coge las escopetas, ordenó al otro.

¿Qué vais a hacer?, quisieron saber las mujeres, alarmadas.

No os preocupéis. Sólo le daremos un buen susto. Cerrad la puerta, por si aparece por aquí. Y recogedlo todo. Nos iremos en cuanto volvamos. No creo que tardemos mucho.

A continuación salió a la calle, donde ya lo esperaba su amigo, que le entregó una escopeta y un puñado de cartuchos. Ellas los observaron alejarse en la dirección por la que había huido el viejo. Después se encerraron como les habían dicho.

Una hora después los dos hombres estaban exhaustos y continuaban sin encontrarlo. Habían buscado por los alrededores y se habían adentrado en los pinares de la parte alta de la ladera. Dudaban de que se hubiera encaminado al pueblo, por temor a que ellos también fuesen allí.

Se hacía tarde. Llegarían a sus casas bien entrada la noche. Cada uno por su cuenta iba haciéndose a la idea de no dar con el viejo. Éste conocía el terreno y sabía que tarde o temprano ellos tendrían que irse, así que habría buscado algún rincón donde esperar agazapado.

Será mejor que volvamos, dijo uno. Estarán preocupadas.

Y añadió:

Es un viejo con suerte. De haberlo encontrado se lo habríamos hecho pasar mal.

El otro, el marido de la mujer agredida, emprendió con desgana el regreso al albergue. Poco después se detuvo y contempló los árboles que los rodeaban, entre los que quizá se escondía el viejo, observándolos regocijado al comprobar que se rendían.

Gritó hasta vaciarse los pulmones, dando rienda suelta a su frustración y agitando la escopeta como un bastón de guerra. Y el paisaje le devolvió su voz multiplicada.

En el albergue todo estaba recogido y guardado en el todoterreno, menos la máquina de tiro al plato, que los hombres cargaron en el remolque.

Estaban a punto de irse cuando el marido de la mujer atacada volvió a sacar su escopeta de la funda y se encaminó al garaje con la intención de reventar las ruedas del Land Rover y dejar al viejo parcialmente incomunicado. Quería sentir cómo temblaban los cristales de la casa y ver cómo se desprendía serrín de las vigas del techo. Lo detuvieron por la fuerza. Su mujer volvía a llorar y suplicaba que se fueran. Lo metieron a empujones en el todoterreno.

Durante la semana siguiente las dos parejas no se vieron ni hablaron entre ellas. El sábado salieron juntas a cenar. La conversación se centró en temas cotidianos. Se rieron. Nadie hizo mención de lo ocurrido en las montañas. Tras la cena fueron a un bar donde bebieron en exceso.

El becerro de Lego

Debo comenzar pidiéndole disculpas por enviarle esta carta sin que nos conozcamos. En un primer momento me propuse visitarla en su casa y contarle en persona lo que aquí voy a escribir, pero después pensé que esta opción sería más adecuada: nos pone a ambos en una situación mucho menos incómoda y me permite escoger mejor las palabras. En cualquier caso, confío en que sabrá perdonar mis más que probables vacilaciones. Cuando haya terminado usted de leer las presentes líneas y meditado sobre lo recogido en ellas, si lo cree pertinente, no dude, por favor, en ponerse en contacto conmigo a través del número de teléfono que le adjunto más adelante.

A continuación debo pedirle disculpas de nuevo, esta vez por empezar mi historia con algo tan doloroso como la enfermedad y muerte de mi mujer. No puedo saber si usted y Sara se conocían. Seguramente coincidieran al llevar a los niños al colegio, o cuando iban a recogerlos. No lo sé. Mientras su salud se lo permitió, Sara se hizo cargo siempre de esas tareas. Si en efecto se conocían y alguna vez ella la mencionó a usted, no soy capaz de recordarlo.

La enfermedad no llegó precedida por ningún malestar ni síntoma apreciable, sino que fue descubierta durante una revisión ginecológica de rutina. Para entonces el mal estaba extendido en una medida que se contradecía con lo bien que se sentía Sara. A partir de aquel momento, sin embargo, las cosas se desarrollaron con rapidez. Sara tuvo que abandonar su trabajo y centrarse en la recuperación. Nosotros lo llamábamos recuperación. Los médicos lo denominaban tratamiento, término mucho menos comprometido.

A nuestro hijo no le ocultamos lo que pasaba, si bien no llegamos a revelarle lo grave de la situación. Tiene diez años, edad suficiente para darse cuenta de que algo no iba bien. El declive físico de Sara pronto fue apreciable y ella no podía dedicarle tanta atención como antes. Poco después apenas era capaz de prestarle ninguna atención. Yo solicité una excedencia para cuidar de ella y pasar juntos todo el tiempo posible.

También me ocupaba de nuestro hijo, en la medida que el ánimo y mis capacidades me lo permitían. Al principio no me puso las cosas difíciles. Siempre ha sido un niño callado e introvertido, con tendencia a enfrascarse en fantasías personales. Le gusta leer y dibujar. Puede pasar horas en su habitación, entretenido sin necesidad de nadie más.

Yo le dedicaba un rato cada tarde. Lo visitaba en su cuarto. Quería hacerle saber que seguíamos preocupándonos por él, a pesar de lo que sucedía. Le preguntaba por sus clases. Lo cierto es que no era fácil hablar con él. Resultaba imposible sacarle dos frases seguidas. Al poco rato ninguno sabía qué más decir y nos quedábamos callados. Yo buscaba disculpas para continuar en su habitación, pero debía de ser evidente que deseaba salir de allí, y creo que él prefería quedarse a solas.

Cuando yo era niño me encantaban los juegos de construcciones, y aún me siguen gustando. Bueno, ahora ya no tanto.

Un día, cuando regresaba de la farmacia, me detuve en una juguetería y compré a mi hijo una caja de Lego. Con las piezas que contenía podía construirse un camión de volquete.

Recibió el regalo sin ninguna emoción, más o menos como es su estilo. Abrió la caja sobre la mesa de su cuarto y contempló las piezas como si no supiera qué hacer con ellas. Le propuse montar el camión entre los dos y, temiendo que me contestara que no, me puse a ello sin esperar su respuesta. Hice la mayor parte del trabajo, aunque iba explicándole cada paso que daba, señalándole los gráficos de las instrucciones. Era un bonito camión. La caja basculaba para desalojar la carga. Fui a la cocina y la llené de arroz, como si el vehículo transportara un cargamento de grava. Pregunté a mi hijo si le gustaba y respondió que sí.

Al día siguiente, cuando entré en su habitación, el camión de Lego seguía en la mesa, aunque arrinconado. Le pregunté si quería que construyéramos algo más; las instrucciones ofrecían un par de alternativas, menos llamativas que el camión de volquete, que podían realizarse con las mismas piezas. Tuve que insistir para que aceptara mi propuesta. Desmontamos el camión y escogimos una de las alternativas posibles. Esta vez participó más. De hecho lo hizo casi todo. Yo, con las instrucciones en la mano, iba indicándole los pasos.

Adquirimos la costumbre de construir cosas entre los dos. Yo le compraba uno o dos Lego cada semana. Mientras encajábamos las piezas charlábamos, aunque no mucho. Siguiendo el precedente del camión de volquete le llevé otros vehículos de construcción: una apisonadora, una grúa, una excavadora... Después pasamos a las réplicas de arquitectura. En una juguetería del centro encontré una réplica de la Casa de la Cascada de Frank Lloyd Wright. Y luego el Guggenheim de Nueva York y el edificio Empire State. Llegué a esperar con ansiedad aquellos ratos que pasábamos juntos.

Una tarde entré en su habitación y, para mi sorpresa, vi que estaba construyendo algo por su cuenta. Lo habitual era que le tuviera que pedir una o dos veces que dejara lo que estuviera haciendo para que nos pusiéramos a jugar con los Lego. Sin embargo, aquella tarde él había reunido en un montón todas las piezas de todas las cajas que yo le había regalado y construía algo que no fui capaz de distinguir. Trabajaba sin ayuda de instrucciones, tan concentrado que no se percató de mi presencia. Preferí no molestarlo. Ese día Sara sufría más de lo habitual y creí mejor estar con ella.

El malestar de Sara empeoró en las fechas siguientes, por lo que apenas tuve ocasión de estar con el niño, que pasaba en su habitación casi todo el tiempo que estaba en casa. En las breves visitas que le hice comprobé que seguía con su proyecto de construcción. Lo que estaba haciendo no se parecía a nada reconocible, una mera acumulación sin sentido de piezas, semejante a una torre de la que brotaban salientes diversos, sin pauta ni función apreciables. La mezcla de colores de las piezas, en la que tampoco podía apreciarse ninguna pauta, hacía el conjunto aún más desconcertante y feo.

El estado de Sara se agravó tanto que tuvo que ser trasladada al hospital. Mi madre vino a casa para ocuparse del niño. Yo casi dejé de verlo, centrado como estaba en hacer compañía a Sara.

Mi mujer fallecía una semana después.

Siguieron unos días que, aunque su narración fuera imprescindible para el propósito de esta carta, no me vería capaz de rememorar.

Durante ese tiempo, aquella cosa construida por mi hijo permaneció sobre la mesa de su habitación. Imposible no fijarse en ella. Medía medio metro de alto y otro tanto de ancho. Su sección era más o menos circular. Tenía aspecto macizo.

No le presté importancia. Para mí la época de nuestras construcciones de Lego había quedado atrás, al igual que tantas otras cosas. Di por sentado que él pensaba del mismo modo y que si no se libraba de aquello era por la pereza de desmontar la gran cantidad de piezas que lo formaban.

Regresé al trabajo. Tenía que mantenerme ocupado. Mientras tanto mi hijo se volvía más y más introvertido y yo era consciente de ello y no tenía fuerzas para remediarlo. Lo visitaba en su cuarto, me sentaba junto a él, intercambiábamos algunas palabras. Yo le acariciaba la cabeza como quien frota con desgana una lámpara encontrada en un desván, por si pudiera salir un genio.

No trato de disculparme.

Ante aquella situación comprenderá usted que me alegrara el día que llegué a casa y lo encontré jugando con otro niño, un compañero del colegio. Hacía semanas que mi hijo no estaba tan alegre. Se entretenían con la construcción de Lego, añadiéndole nuevas piezas. No pregunté de dónde las habían sacado. Desde el pasillo los oí cuchichear animadamente.

Al día siguiente mi hijo volvía a jugar solo. Le pregunté por su amigo y me dijo que esa tarde tenía clase de kárate. Unos días después, cuando le hice la misma pregunta, se limitó a encogerse de hombros. No insistí más.

Poco más tarde, no obstante, otro niño fue a jugar a casa, otro compañero del colegio. También jugaron con la construcción de Lego. El nuevo amigo le añadió piezas que fue sacando de una arrugada bolsa de supermercado. Las colocaba obedientemente donde mi hijo le indicaba. Al igual que el anterior niño, éste sólo visitó nuestra casa una vez. Incorporó a la construcción las piezas que había llevado y no volví a verlo.

Hubo más visitas, igual de fugaces. Todos los niños aportaban piezas. Unos, cajas enteras; otros, apenas un puñado, que transportaban en el bolsillo.

Pregunté si no tendrían problemas para saber de quién era cada una cuando desmontaran lo que estaban construyendo. Mi hijo me miró como si no hubiera pensado en ello, pero dijo que no sería un problema. Le pregunté también qué era lo que estaban haciendo y respondió que no estaba seguro. Le pregunté si intentaban averiguar hasta dónde podían llegar juntando piezas y piezas y respondió que sí, que eso era lo que estaban haciendo.

Días después entré en la habitación de mi hijo mientras él no estaba en casa. Necesitaba un bolígrafo y pensé que encontraría alguno entre sus cosas.

La construcción de Lego abarcaba toda la mesa y ya medía más de un metro de alto. Debo reconocer que era impresionante. Mientras buscaba en los cajones tropecé con ella. Lo difícil habría sido no hacerlo. Asomaba de ella gran número de brazos, algunos de los cuales se proyectaban más allá de los límites de la mesa. Fue con uno de ellos con lo que tropecé, uno de los superiores y por tanto una de las últimas partes sumadas a la construcción. El brazo se desprendió y cayó al suelo. Me apresuré a recogerlo. Pero antes de colocarlo de nuevo vi algo que llamó mi atención.

También se habían desprendido varias piezas de la zona donde el brazo entroncaba con la construcción, y al hacerlo habían dejado a la vista un espacio hueco, poco mayor que una caja de cerillas, en el interior de aquella cosa. Dentro había algo. Tuve que desmontar algunas piezas más para sacarlo. Era un papel, doblado una y otra vez. Lo desplegué: una página arrancada de un cuaderno. En la parte superior aparecía escrito: «QUIERO UN RELOJ NUEVO». Debajo figuraba el dibujo de un reloj digital con muchos botones. La caligrafía era infantil. El dibujo había sido hecho con lápices de cera. La petición estaba subrayada varias veces y alrededor de la misma, así como del reloj, había dibujados unos rayos que brotaban de ellos, como si las palabras y el reloj brillaran.

La caligrafía no era la de mi hijo, y el dibujo tampoco era suyo; él dibuja mucho mejor. Supuse que el autor fue uno de los niños que habían pasado últimamente por allí.

Con cuidado, desmonté más partes de la construcción en busca de nuevas cámaras interiores. Encontré dos, con sus correspondientes papeles doblados y vueltos a doblar: «QUIERO SER MÁS ALTO» y «QUIERO QUE NO SE RÍAN DE MÍ». Ambas peticiones iban acompañadas por su correspondiente dibujo. En la primera: un monigote con unas piernas larguísimas; en la segunda, otro monigote, éste de anchas espaldas y puños desproporcionadamente grandes, y a sus pies otros monigotes más pequeños, del tamaño de hormigas. También en ambos casos aparecían los rayos, amarillos y naranjas, brotando de palabras y dibujos. Las caligrafías eran diferentes entre sí y diferentes a la del primer papel. Ninguna correspondía a mi hijo.

Lo interpreté como un juego. Cosas de críos. Cuando yo era pequeño también hacíamos cosas así. Sobre todo las hacían las niñas. Escribían peticiones y las metían en cajitas o botellas y enterraban éstas entre las raíces de un árbol.

Preferí no seguir buscando. Corría el riesgo de no saber recomponer la construcción. Devolví los papeles a sus cámaras secretas y monté las piezas retiradas.

En las semanas siguientes, cada vez que un niño se presentaba en casa con nuevas ofrendas en forma de piezas de Lego y con un papelito doblado en el bolsillo, yo me divertía adivinando qué pediría. ¿No llevar gafas? ¿Que sus padres le compraran ropa mejor? ¿Tener las orejas más pequeñas?

Cuando mi hijo no estaba en casa, yo desmontaba los últimos añadidos a la construcción en busca de las peticiones. Algunas veces coincidían con lo predicho. Otras no: «QUIERO VER DESNUDAS A LAS MUJERES QUE YO QUIERA», «QUIERO QUE LA GENTE NO HABLE TAN ALTO».

En cualquier caso, siempre eran niñerías. No me preocupé.

Empecé a hacerlo cuando llegó un niño que no se limitó a incorporar nuevas piezas a la construcción y luego desaparecer, sino que sus visitas se convirtieron en rutina. Me encontraba con él casi a diario. Siempre traía nuevas ofrendas en forma de piezas adicionales. Un niño alto para su edad, silencioso, educado. No me extrañó que mi hijo y él hicieran buenas migas.

Por si albergara usted alguna duda, ese niño era su hijo, además del motivo por el que le escribo esta carta.

Pasaron varios días hasta que tuve ocasión de entrar en la habitación del niño, desmontar parte de la construcción y leer las nuevas peticiones. Sólo había una. Di por sentado que era la depositada por su hijo.

En el papel decía: «QUIERO QUE MIS PADRES SE MUERAN». El dibujo adjunto ilustraba perfectamente esas palabras: dos cuerpos despedazados, extremidades y cabezas separadas de los torsos, abundante sangre y los habituales rayos de poder que emanaban de todo ello. Un letrero aclaratorio, «Mamá», figuraba junto a una de las cabezas, una con el pelo largo; otro: «Papá», estaba al lado de la segunda.

Ahora comprenderá usted mi decisión de escribirle esta carta en lugar de reunirnos y hablar cara a cara. Si ése hubiera sido el caso, llegado al punto que acabo de referirle, muy probablemente usted me habría ordenado callar, incrédula y escandalizada. Me habría echado de su casa sin querer oír una palabra más, lo que habría sido una reacción comprensible. En el mejor de los casos, usted me habría exigido unas explicaciones que no puedo facilitarle. De este modo, por el contrario, la indignación quizá le haga abandonar la lectura, incluso arrugar estas páginas y arrojarlas a la papelera. Pero también puede suceder, y confío en que así sea, que más tarde, cuando su enfado haya remitido, la curiosidad la empuje a terminar de leer lo que debo contarle.

Esa misma noche, después de cenar, hablé con mi hijo. Dije que me había fijado en que había un niño que venía bastante a casa. Le pregunté quién era. Su respuesta fue la habitual: un compañero del colegio. Añadió que en realidad no eran amigos, sólo jugaban juntos. Le pregunté si había estado alguna vez en la casa de su compañero y me dijo que no. Mientras hablábamos, él hojeaba un cómic. Sus respuestas se demoraban unos instantes, como si debiera pensarlas o, simplemente, no le interesara nuestra conversación. Continué diciendo que, aunque no hubiera estado en su casa, seguramente conocería a sus padres. Al parecer no era así. Le pregunté si su compañero de juegos hablaba de ellos. No lo hacía o mi hijo no lo recordaba. Le pregunté si él los había visto alguna vez. En este caso la respuesta fue afirmativa. Los había visto varias veces, cuando iban a recoger a su hijo al colegio; unas veces el padre, otras la madre. Le pregunté cómo eran. Mi hijo se encogió de hombros, limitándose a decir que eran normales.

Me quedé rumiando la respuesta. Él siguió leyendo su cómic. Me sentía cada vez más enfadado y harto de aquella historia. Él debió de notarlo porque lo sorprendí mirándome de reojo y a continuación se levantó con intención de abandonar la habitación. Le ordené que no se moviera. Volví a preguntarle qué era eso que estaban construyendo y me respondió como había hecho antes; dijo que no sabía lo que era, sólo un juego en el que juntaban piezas y piezas. Le pregunté entonces, sin ocultar mi irritación, que hasta cuándo iba a durar ese juego. Me miró confuso, por lo visto no lo sabía. ¿Cómo sabrás cuándo ha terminado? ¿Cómo sabrás cuándo no tenéis que poner más piezas? Eso fue lo que le pregunté. Le dije que quería una respuesta concreta pero se quedó mirándome en silencio. A continuación le dije que su juego no me gustaba, que estaba harto de aquella cosa y le ordené desmontarla. Se quejó y se hizo el remolón. Me preguntó si no podía dejarla allí un poco más. Pregunté que cuánto tiempo más y para qué. Me dijo que unos días.

Por supuesto, respondí que no. Le dije que empezara a desmontarla en ese mismo instante.

Se encerró en su habitación. Un rato después fui a decirle que ya era hora de irse a la cama. Lo encontré sentado ante la mesa, con una pieza de Lego entre las manos. Canturreaba, mirándola ensimismado. Había desmontado dos extremidades de la construcción y parte de una tercera. La zona central, donde se albergaban las peticiones, permanecía intacta. Cuando me quejé de que sólo hubiera hecho eso respondió que era más difícil de lo que parecía, que algunas piezas estaban pegadas y costaba mucho soltarlas. Le ordené cepillarse los dientes y meterse en la cama.

A la mañana siguiente llamé al trabajo para decir que llegaría tarde. Esperé hasta que el niño se fue al colegio y entré en su habitación. Yo mismo me encargaría de desmontar aquello.

Me llevó mucho más tiempo del que esperaba. En efecto, algunas piezas parecían soldadas entre sí. A medida que iba encontrándome con las peticiones, las guardaba para deshacerme luego de ellas. Las piezas fueron formando una pila sobre la alfombra, en mitad de la habitación.

Por fin llegué a la parte inferior, la formada por las piezas de los Lego que yo había comprado. Y entonces encontré un nuevo papel, uno que no había visto antes. En este caso la caligrafía sí era la de mi hijo. Su petición era: «QUIERO QUE MI MADRE SE MUERA DE UNA PUTA VEZ». Prefiero no describir el dibujo que acompañaba estas palabras. Como ya he dicho, mi hijo dibuja muy bien.

Esa petición, la primera, estaba enterrada bajo una infinidad de piezas traídas por otros niños. La leí varias veces. Luego la guardé y terminé de desmontar la construcción. En realidad no la desmonté. La arrojé contra la pared, una vez tras otra, hasta que se deshizo.

Tiré las peticiones, menos la de mi hijo. Ahora me doy cuenta de que también debería haber conservado la del suyo, pero espero que confíe usted en mi palabra.

Cuando mi hijo volvió aquella tarde del colegio estaba esperándolo. Aguardé a que entrara en su habitación y un momento después fui tras él. Mi hijo estaba de pie en el umbral y contemplaba el montón de piezas de Lego que se alzaba en la alfombra. Le dije que le había ahorrado el trabajo de desmontar. Él, al contrario de lo que yo esperaba, se mostró sereno. Le pregunté si le importaba que lo hubiera hecho y murmuró que no. A continuación me preguntó si eso era todo. Hizo la pregunta señalando las piezas. Le dije que claro que eso era todo. ¿Qué más iba a haber? Me miró fijamente y repitió su pregunta. Yo respondí que en aquel montón estaba todo lo que había en la construcción. No faltaba nada. Él volvió a mirar las piezas, pensativo, y asintió. Luego las recojo, dijo.

¿Por qué iba a mostrarse molesto? Yo no había destruido nada importante, una mera imagen de aquello a lo que él y los demás niños, incluido su hijo, dedicaban sus peticiones. Mi acción tuvo el mismo efecto que podría tener romper en pedazos una estampa de la Virgen.

Entenderá ahora mi necesidad de contarle todo esto. Porque estoy plenamente seguro de que ni usted ni su marido se merecen lo que les desea su hijo, de la misma manera que no se lo merecía Sara. Porque son ustedes normales, al igual que lo era ella y lo soy yo.

El eremita

Como hacía cada mañana, después de contemplar la salida del sol y asegurarse de que éste continuaba su camino ascendente hacia lo más alto del cielo, el eremita cruzó las murallas de la ciudad desierta y caminó hasta la orilla del Tigris. Una piel de cabra atada a la cintura era todo su atuendo. Cojeaba del pie derecho a causa de una fractura mal soldada. Al hombro llevaba el odre donde almacenaba el agua. Bebió, se mojó la cara, llenó el odre.

Al ponerse en pie vio en el horizonte una nube de polvo. La observó hasta que estuvo seguro de que avanzaba hacia él. Regresó todo lo rápido que pudo al cobijo de la ciudad, cargado con su odre. Trepó a los restos de la muralla, desde cuya cima vio un ejército que se acercaba por el desierto.

Eran los restos de los Diez Mil, la fuerza de mercenarios griegos reclutada por el persa Ciro para derrocar a su hermano Artajerjes II, el Gran Rey. Habían partido de Lidia hacía más de seis meses y se abrieron paso a través del Imperio Persa hasta Cunaxa, en Babilonia. Allí se enfrentaron en batalla al Gran Rey y Ciro resultó muerto al ser alcanzado por una jabalina en un ojo, lo que canceló su acuerdo con los mercenarios.

Avanzaban de regreso a su patria tras haberse deshecho de carros, tiendas y todo material superfluo. Los acosaba el persa Tisafernes, sátrapa de Caria, Lidia y Gran Frigia. Los supervivientes de los Diez Mil estaban al límite de sus fuerzas, y su viaje de retorno apenas había comenzado. Se alimentaban de lo que cazaban y robaban. Empleaban como leña las flechas lanzadas contra ellos.

La ciudad desierta era la antigua Larisa, levantada por los asirios y asediada y destruida por los medas hacía doscientos años. Desde entonces permanecía en ruinas.

Los restos de los Diez Mil marchaban hacia Larisa en formación rectangular, con los heridos, los animales de carga y los esclavos en el interior. Al llegar ante las murallas, el ateniense Jenofonte, líder de los mercenarios, detuvo el ejército. Anunció que acamparían en la ciudad durante tres días. Envió partidas de soldados hoplitas a las aldeas próximas en busca de comida. Les ordenó también secuestrar a no menos de ocho médicos para que atendieran a los heridos.

El eremita atajó por casas en ruinas y callejones. Tenía su guarida en una construcción donde el techo no se había derrumbado, pero que no era una de las mejores ni de las más próximas al centro de la ciudad. La entrada estaba medio obstruida por escombros y arena. Él añadía ramas de espino. Siempre que un cazador o un viajero curioso se adentraban en Larisa, el eremita se acurrucaba en su refugio y no se movía de allí en varios días.

Pero los griegos eran como agua vertida sobre roca porosa. Llegaron a cada calle, a cada edificio y a cada habitación. Dos hoplitas apartaron los espinos con sus lanzas y penetraron en la guarida del eremita. Lo descubrieron agazapado en un rincón, como una araña barbuda. Los cascos de bronce, los mantos púrpuras y los escudos lo hacían temblar. Fue llevado a rastras ante Jenofonte.

El ateniense encabezaba los restos de los Diez Mil desde que los persas ejecutaron a los generales griegos. Él ni siquiera era capitán, pero había reorganizado el ejército y le había insuflado ánimo para emprender la vuelta a casa. Presumía de ser amigo de Sócrates. Para que su aspecto fuera lo más marcial posible, llevaba siempre puesta la coraza. Estaba acampado en la plaza de la ciudad. Cuando le llevaron al eremita, bebía vino de dátil sentado en un banco que dos esclavos habían construido para él con ladrillos de una casa.

Los soldados soltaron a su presa, que se encogió en el suelo. El pelo y la barba del eremita barrían la arena. Su rodilla derecha se doblaba hacia adentro, en un ángulo anómalo. Estaba esquelético, renegrido por el sol y tenía los ojos inflamados. Sus captores informaron de dónde lo habían encontrado.

¿Quién eres?, preguntó Jenofonte.

El eremita miraba atemorizado a la multitud que lo rodeaba. Uno de los hoplitas lo pinchó con el extremo romo de su lanza para hacerle contestar.

Hacía años que no hablaba con otra persona. Tampoco con los dioses ni consigo mismo.

Nadie, dijo.

La falta de práctica hizo que su respuesta sonara como un gañido. El eremita se asustó de su propia voz. Miró alrededor con ojos desorbitados. Jenofonte le ordenó repetirlo.

No soy nadie.

¿Cuál es tu nombre?

No lo recuerdo.

¿Estás sólo? No mientas o morirás.

Estoy solo.

¿Eres espía de Tisafernes?

No sé quién es Tisafernes.

Ojalá yo pudiera decir lo mismo. ¿Cuánto tiempo llevas viviendo en estas ruinas?

No lo sé.

Demasiado, sin duda, dijo Jenofonte. ¿Por qué estás aquí? ¿Alguien te obliga? ¿Eres un desterrado?

Éste es mi lugar.

¿La ciudad te pertenece?, preguntó Jenofonte con una sonrisa sardónica.

No.

¿Entonces te gusta vivir aquí, entre víboras y escorpiones?

Al eremita se le atascaron las palabras. Jenofonte ordenó que le dieran agua. Se estaba divirtiendo.

No hago mal a nadie, dijo el eremita.

Jenofonte lo contempló largamente y movió la cabeza en un gesto impreciso que pudo ser de asentimiento.

¿Necesitas algo? Mis hombres llegarán pronto con comida.

El eremita negó con la cabeza.

Un médico puede mirarte esa pierna.

El eremita volvió a negar.

Como quieras, dijo Jenofonte, y ordenó que lo dejaran ir, y luego pidió más vino y pan de mijo.

Regresó a su guarida evitando las miradas de los griegos. La encontró desierta pero sus míseras pertenencias estaban esparcidas por el suelo, rotas. Alguien había rajado el odre y la arena se había tragado su contenido. Se acurrucó en un rincón sin molestarse en colocar los espinos en la entrada. Se tapó los oídos para no oír las estruendosas voces de los griegos.

Las partidas enviadas por Jenofonte en busca de provisiones regresaron con bueyes y cabras. Sacrificaron a los animales, los clavaron en espetones y los pusieron a asar en la plaza de Larisa. El olor se esparció por la ciudad. El eremita, que no recordaba la última vez que comió carne cocinada, deliró el resto del día y toda la noche.

Perdido su odre, tenía que ir a beber al río. Eso lo obligaba a ver a los griegos. Aguantaba la sed hasta que no podía más. Entonces iba al Tigris y veía a los soldados bañarse desnudos, frotándose unos a otros con cantos rodados.

El eremita regresaba a su guarida tratando de evitar a los restos de los Diez Mil. Doblaba una esquina y se quedaba paralizado. En mitad de una calle desierta, un griego defecaba. El eremita lo contemplaba estupefacto. El griego, sin levantarse, le gritaba y amenazaba con su lanza y buscaba a su alrededor alguna piedra que arrojarle.

La mayoría de los griegos ignoraban al eremita. Algunos lo odiaban.

Estaban extenuados. Habían sido humillados en combate. Los persas iban tras ellos. Era poco probable que volvieran a ver a sus padres, mujeres, hijos. Los pueblos por los que pasaban eran pobres, así que el botín que obtenían de los saqueos era escaso, y no les quedaba más remedio que llevarlo a cuestas, teniendo que abandonarlo en la siguiente escaramuza.

Cuando divisaron las murallas de Larisa ansiaban un oasis repleto de manjares y mujeres hermosas donde reponer fuerzas. Pero la ciudad no era más que un montón de escombros. Las murallas se habían derrumbado en diversos puntos; no eran una defensa contra las tropas de Tisafernes. No había comida. En las aldeas más cercanas los recibían arrojándoles flechas y piedras.

Que el eremita hubiera escogido vivir allí era un insulto.

Los griegos irrumpían en su guarida blandiendo lanzas y dagas e insistían en preguntarle dónde había nacido, si tenía mujer, si tenía hijos, si en su vida anterior había sido rico o esclavo, si practicaba sacrificios a los dioses, si era persa o pertenecía a alguno de los pueblos bárbaros que luchaban del lado del Gran Rey. Él gemía y suplicaba que lo dejaran solo y entonces lo pateaban y le escupían.

Al segundo día decidió abandonar la ciudad hasta que los restos de los Diez Mil hubieran proseguido su camino.

Esperó a la noche. No había luna. Conocía las calles tan bien que habría podido recorrerlas con los ojos vendados. Salió de la ciudad por una abertura de las murallas. Sólo llevaba un atillo con unos pocos dátiles, una calabaza llena de agua y una hoja de sílex encontrada hacía años en una cueva.

Caminó guiándose por las estrellas. Contaba sus pasos para saber cuánto se había alejado. Cuando la pierna le dolió tanto que ya no pudo seguir caminando, se tendió al raso y se cubrió con una piel de cabra. Disfrutó de un sueño instantáneo, libre de molestias.

Estaba en pie antes del amanecer. Quería recorrer un buen trecho antes de que el sol calentara con fuerza. Se dirigía a las montañas, donde planeaba buscar alguna madriguera abandonada por un animal. Si no la encontraba, construiría un refugio empleando palos y piedras.

Con la primera luz, se sintió observado. Miró a su espalda. Una polvareda se aproximaba por la llanura. Pensó que eran los restos de los Diez Mil, que iban en su busca, pero pronto vio que no era posible. La nube de polvo era demasiado pequeña y se movía muy rápido.

Como no había dónde ocultarse, el eremita se tendió boca abajo y se enterró en la arena, asomando nada más que los ojos y la nariz. Permaneció inmóvil. La nube siguió acercándose.

Era el último carro de guerra de los Diez Mil. Tenía ruedas robustas, un largo eje para evitar los vuelcos y hoces laterales con las que segar a los enemigos. El auriga gobernaba con una mano; en la otra sostenía una jabalina. Los caballos cabalgaban hacia donde se hallaba el eremita. Cuando estaban a punto de pasarle por encima, se puso en pie y cruzó los brazos ante el rostro. Ni siquiera se le ocurrió gritar. El auriga tiró de las riendas y detuvo a los caballos justo a tiempo. Al eremita le temblaban las piernas. No quería abrir los ojos para ver qué había ocurrido.

El auriga se llamaba Cleáreto y en la ciudad nunca había tratado mal al eremita. Al descubrirlo en mitad de la llanura no se enfadó, sino que le preguntó si se encontraba bien y si podía ayudarlo en algo. Incapaz de dejar de temblar, el eremita negó con la cabeza. Cleáreto recogió su atillo, caído en el suelo, y se lo entregó. Le explicó que había salido de la ciudad en compañía de una partida de cazadores. Los demás iban a pie; Cleáreto se había adelantado. La única razón por la que el ejército conservaba aquel carro era que les servía para cazar. Pero en cuanto el terreno se volviera difícil, lo dejarían atrás. Cleáreto se lamentaba por anticipado. Amaba su carro. Presumió de sus habilidades como auriga. Exageró las hazañas que había realizado en Cunaxa. Antes de que le ordenaran abandonar el carro, quería disfrutarlo cuanto fuera posible.

Dijo al eremita que montara con él. Quería mostrarle la velocidad que alcanzaba, la disciplina con que le obedecían los caballos.

El eremita respondió que no pero Cleáreto lo forzó a subir. Antes de que se diera cuenta, los caballos iban al galope. Cleáreto los azuzaba con el extremo romo de su jabalina. A su lado, el eremita se aferraba al borde de la caja. Cada vez que el carro pasaba sobre una piedra y las ruedas se despegaban del suelo, Cleáreto aullaba de placer. Dijo a gritos que buscarían una bandada de avestruces y les segarían las patas con las hoces.

Vieron avestruces y fueron en su persecución. Pero los caballos estaban cansados. Las aves se abrieron en abanico. Manchas temblorosas, negras y blancas. Las patas se movían tan rápido que no se veían. Cleáreto tiró de las riendas. A los caballos les salía espuma de la boca.

No importa, dijo Cleáreto. Ha sido divertido.

El eremita quiso apearse pero el auriga no se lo permitió.

Vayamos con los demás, dijo. Comamos algo.

Regresaron con el resto de la partida de caza. Los otros cazadores habían tenido más suerte. Sentados alrededor de una hoguera, una docena de arqueros se pasaban un odre de vino de dátil. Un poco más allá: un desordenado apilamiento de avutardas y otro de gacelas. Una de éstas se asaba al fuego. Mejor comer antes de volver a la ciudad, donde tendrían que compartir la caza con los demás.

Cleáreto tiró del eremita hacia el círculo y lo obligó a sentarse a su lado. Contó a los otros lo cerca que habían estado de segar diez avestruces. Cuando la carne estuvo hecha, cortó un trozo con su daga y se lo tendió al eremita, que lo miró horrorizado.

Cleáreto le preguntó si no le gustaba la gacela. El eremita no respondió. Comió. Masticaba cada bocado eternamente, resistiéndose a tragar. La carne se le enfrió entre las manos. Le corrían lágrimas por el rostro pero nadie le prestó atención.

Llegó otro cazador, que se había apartado del grupo. Traía una única presa: una chica a la que había encontrado mientras pastoreaba cabras. Le había atado las manos a la espalda y ella lo seguía con la cabeza gacha y lloraba en silencio. El cazador se sentó a comer y la chica aguardó al borde del círculo, temblando, sin atreverse a alzar la cabeza. Era guapa y muy joven, apenas una niña.

Cuando otro de los cazadores se hartó de gacela, cortó las ligaduras de la chica, le arrancó la túnica y la tumbó en el suelo. Los demás se fueron sucediendo. A veces la usaban de dos en dos. Cleáreto y otros reían. El eremita evitaba mirar. Los que habían terminado con la chica, miraban hacer a los demás o volvían el rostro al sol con los ojos cerrados y se escarbaban entre los dientes, rescatando restos de gacela, y sonreían satisfechos. Cleáreto no dejaba de dar codazos al eremita. Le decía que él también tendría su oportunidad, aunque debería esperar hasta el final; sería el último, y habría cazadores que querrían repetir. Entonces llegó el turno del auriga y, cuando se tendió sobre la chica, el eremita aprovechó para escabullirse.

Caminó todo el día por una llanura donde crecía el ajenjo. La pierna le dolía pero estaba satisfecho de volver a estar solo y esto le proveía de fuerzas para continuar. Se quedaría un tiempo en las montañas, había decidido, suficiente para que los restos de los Diez Mil se fueran de Larisa, y más aún.

Al atardecer divisó un jinete al que seguían varios hombres a pie. El grupo también lo vio a él y se desvió para ir a su encuentro. Poco después llegaban junto al eremita. Se trataba de una partida de exploradores del persa Tisafernes, integrada por un hombre a caballo y seis honderos.

El jinete, que era el jefe de la partida, contempló al eremita y luego miró a su alrededor, como si quisiera asegurarse de que no lo acompañaba nadie, o como si no pudiera creer que un hombre caminara solo por aquella llanura.

Con la autoridad que le otorgaban su posición elevada y el respaldo de los honderos le preguntó quién era y qué hacía allí.

Soy un eremita. Me dirijo a las montañas.

¿Por qué motivo?

Ninguno, salvo que el aire es allí más fresco.

El jinete gruñó, lo que no tenía por qué significar que estuviera de acuerdo.

¿Vas a reunirte con alguien?

No conozco a nadie en las montañas.

El jinete señaló en la dirección de la que venía el eremita.

¿Qué hay por allí?

La antigua ciudad de Larisa.

¿Quién la habita?

Nadie. La ciudad está desierta, abandonada desde mucho antes de que tú y yo naciéramos. Poblada sólo por víboras y escorpiones.

¿Has vivido en ese lugar?

Lo hice durante un tiempo.

¿Por qué?

Porque no había nadie.

El jinete volvió a gruñir.

¿Has visto un ejército de perros griegos huir por este desierto?

Hace mucho que no veo a nadie.

¿Cuánto tiempo?

El eremita agachó la mirada.

Ni siquiera puedo recordarlo, dijo.

El jinete hizo aparecer una bolsa. No la abrió. Se limitó a agitarla. Algo tintineó dentro. Era una bolsa abultada. Luego repitió:

¿Has visto un ejército de perros griegos huir por este desierto?

Otra negativa.

Entonces el jinete hizo un gesto para indicarle que prosiguiera su camino, pero como el eremita seguía mirando al suelo tuvo que decir:

Puedes irte.

Se alejó cojeando. Los exploradores permanecieron inmóviles hasta que el jinete dio una orden. Los honderos escogieron proyectiles de los zurrones que llevaban cruzados sobre el pecho, los colocaron en sus hondas y los lanzaron contra el eremita. Varios le alcanzaron. Luego practicaron su puntería con el cuerpo caído en el suelo. Continuaron haciéndolo hasta que el jinete dio otra orden.

El grupo se acercó al cuerpo. Un proyectil le había abierto la cabeza. Los honderos se acuclillaron a su alrededor. Desataron el atillo. Mientras tanto el jinete oteaba el horizonte, al margen de aquél mísero saqueo. El que aseguró con mayor vehemencia que había matado al eremita se quedó con la hoja de sílex. Nadie quiso nada de lo demás. Registraron el cadáver. Le dieron la vuelta y lo volvieron a registrar. Un hondero le palpó el hueco tras los testículos por si allí ocultaba algo.

Nota del autor

La primera parte de *Física familiar* es una versión revisada de mi primer libro, *3 relatos*, publicado por la editorial Nobel en 2006.

Los relatos de la segunda parte aparecieron publicados inicialmente en varias antologías; «Paso a paso hacia el final del día» en *Perturbaciones. Antología del relato fantástico español actual* (Salto de Página, 2009); «Un anexo al Génesis» en *La banda de los corazones sucios* (Baladí, 2010), «Prueba de amor» en *Mi madre es un pez* (Libros del silencio, 2011) y «Horror a bordo del Boris Butoma» en *Rusia imaginada. Diez viajes por el paisaje ruso* (Nevsky Prospects, 2011).

Los relatos de la tercera parte son inéditos.

Índice

grupo editorial
siglo veintiuno

siglo xxi editores, s. a. de c. v.
CERRO DEL AGUA, 248, ROMERO DE TERREROS,
04310, MÉXICO, DF
www.sigloxxieditores.com.mx

siglo xxi editores, s. a.
GUATEMALA, 4824,
C 1425 BUP, BUENOS AIRES, ARGENTINA
www.sigloxxieditores.com.ar

salto de página, s. l.
ALMAGRO, 38,
28010, MADRID, ESPAÑA
www.saltodepagina.com

biblioteca nueva, s. l.
ALMAGRO, 38,
28010, MADRID, ESPAÑA
www.bibliotecanueva.es

editorial anthropos / nariño, s. l.
LEPANT, 241,
08013, BARCELONA, ESPAÑA
www.anthropos-editorial.com

PRIMERA EDICIÓN

www.saltodepagina.com
saltodepagina@saltodepagina.com

COLECCIÓN PÚRPURA
ISBN 978-84-16148-04-2
DEP. LEGAL M-7549-2014

Diseño original de la colección
SERGIO DEL PUERTO | SERIAL CUT™

Imagen de cubierta
© ALEX HALL., *The Pursuit*

Impreso en España
LÁVEL INDUSTRIA GRÁFICA, S. A.